高等院校产品设计专业系列教材

产品结构设计

张莹 王逸钢 谌禹西 编著

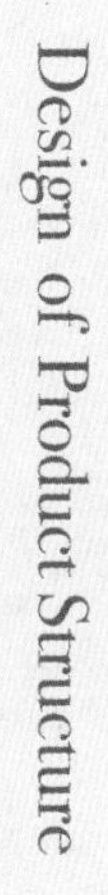

Design

清华大学出版社
北京

内容简介

产品结构设计与自然结构、人因工程、材料、力学、加工工艺等学科紧密相关，本书尝试从相对系统的多学科视角，阐述结构设计从理论到实践的一系列相关知识要点，内容包括认识、理解和分析结构，了解结构背后的物理学原理，以及不同材料及其加工工艺。全书共分为 6 章：第 1 章从自然界中的结构入手，延伸到建筑结构、平面设计结构，以不同的视角介绍结构；第 2 章从力学、机械原理、流体力学、光学等角度分析和讲解结构；第 3 章从几何的层面，介绍结构设计中的多面体、杆件、壳结构、膜结构，以及拓扑优化在结构设计中的应用；第 4、5、6 章介绍常用的金属、塑料和复合材料在结构设计中的应用，及其主要加工方法。

本书不仅可以作为高等院校工业设计、产品设计专业的教材，还可以作为广大工业产品设计人员的参考手册。

图书在版编目 (CIP) 数据

产品结构设计 / 张莹，王逸钢，谌禹西编著 . —北京：清华大学出版社，2023.2 (2024.8 重印)
高等院校产品设计专业系列教材
ISBN 978-7-302-62736-4

Ⅰ. ①产…　Ⅱ. ①张…②王…③谌…　Ⅲ. ①产品结构—结构设计—高等学校—教材　Ⅳ. ① TB472

中国国家版本馆 CIP 数据核字 (2023) 第 027645 号

责任编辑：李　磊
装帧设计：陈　侃
责任校对：成凤进
责任印制：宋　林

出版发行：清华大学出版社
网　　址：https://www.tup.com.cn，https://www.wqxuetang.com
地　　址：北京清华大学学研大厦A座　　邮　　编：100084
社 总 机：010-83470000　　邮　　购：010-62786544
投稿与读者服务：010-62776969，c-service@tup.tsinghua.edu.cn
质 量 反 馈：010-62772015，zhiliang@tup.tsinghua.edu.cn
印 装 者：北京嘉实印刷有限公司
经　　销：全国新华书店
开　　本：185mm×260mm　　印　　张：10.25　　字　　数：249千字
版　　次：2023年4月第1版　　印　　次：2024年8月第2次印刷
定　　价：69.80元

产品编号：068537-01

编委会

序

设计，时时事事处处都伴随着我们，我们身边的每一件物品都被有意或无意地设计过或设计着，离开设计的生活是不可想象的。

2012年，中华人民共和国教育部修订的本科教学目录中新增了“艺术学-设计学类-产品设计”专业，该专业虽然设立时间较晚，但发展趋势非常迅猛。

从2012年的“普通高等学校本科专业目录新旧专业对照表”中，我们不难发现产品设计专业与传统的工业设计专业有着非常密切的关系，新目录中的“产品设计”对应旧目录中的“艺术设计(部分)”“工业设计(部分)”，从中也可以看出艺术学下开设的“产品设计专业”与工学下开设的“工业设计专业”之间的渊源。

因此，我们在学习产品设计前就不得不重点回溯工业设计。工业设计起源于欧洲，有超过百年的发展历史，随着人类社会的不断发展，工业设计也发生了翻天覆地的变化：设计对象从实体的物慢慢过渡到虚拟的物和事，设计方法越来越丰富，设计的边界越来越模糊和虚化。可见，从语源学的视角且在不同的语境下厘清设计、工业设计、产品设计等相关概念，并结合对围绕着我们的“被设计”的事、物和现象的观察，无疑可以帮助我们更深刻地理解工业设计的内涵。工业设计的综合性、交叉性和边缘性决定了其外延是广泛的，从艺术、文化、经济和技术等不同的视角对工业设计进行解读或许可以更全面地还原工业设计的本质，有利于人们进一步理解它。从时代性和地域性的视角对工业设计的历史进行解读并不仅仅是为了再现其发展的历程，更是为了探索工业设计发展的动力，并以此推动工业设计的进一步发展。人类基于经济、文化、技术、社会等宏观环境的创新，对产品的物理环境与空间环境的探索，对功能、结构、材料、形态、色彩、材质等产品固有属性及产品物质属性的思考，以及对人类自身的关注，都是工业设计不断发展的重要基础与动力。

工业设计百年的发展历程为人类社会的进步做出了哪些贡献？工业发达国家的发展历程表明，工业设计带来的创新，不但为社会积累了极大的财富，也为人类创造了更加美好的生活，更为经济的可持续发展提供了源源不断的动力。 在这一发展进程中，工业设计教育也发挥着至关重要的作用。

随着我国经济结构的调整与转型，从“中国制造”走向“中国智造”已是大势所趋，这种巨变将需要大量具有创新设计和实践应用能力的工业设计人才。未来，工业设计及教育，以及产品设计及教育在我国的经济、文化建设中将发挥越来越重要的作用。因此，如何构建具有创新驱动能力的产品设计人才培养体系，成为我国高校产品设计教育相关专业面临的重大挑战。

由于产品设计与工业设计之间的渊源，且产品设计专业开设的时间相对较晚，那么针对产品设计专业编写的系列教材，在工业设计与艺术设计专业知识体系的基础上，应当展现产品设计的新理念、新潮流、新趋势。

本系列教材的出版适逢我院产品设计专业荣获“国家级一流专业建设单位”称号，我们从全新的视角诠释产品设计的本质与内涵，同时结合院校自身的资源优势，充分发挥院校专业人才培养的特色，并在此基础上建立符合时代发展要求的人才培养体系。我们也充分认识到，随着我国经济的转型及文化的发展，对产品设计人才的需求将不断增加，而产品设计人才的培养在服务国家经济、文化建设方面必将起到非常重要的作用。

结合国家级一流专业建设目标，通过教材建设促进学科、专业体系健全发展，是高等院校专业建设的重点工作内容之一，本系列教材的出版目的也在于此。本系列教材有两大特色：第一，强化人文、科学素养，注重中国传统文化的传承，吸收世界多元文化，注重启发学生的创意思维能力，以培养具有国际化视野的创新与应用型设计人才为目标；第二，坚持“科学与艺术相融合、创新与应用相结合”，以学、研、产、用一体化的教学改革为依托，积极探索国家级一流专业的教学体系、教学模式与教学方法。教材中的内容强调产品设计的创新性与应用性，增强学生的创新实践能力与服务社会能力，进一步凸显了艺术院校背景下的专业办学特色。

相信此系列教材的出版对产品设计专业的在校学生、教师，以及产品设计工作者等均有学习与借鉴作用。

天津美术学院国家级一流专业(产品设计)建设单位负责人、教授

前言

万物的生长和运行都遵循自然规律，在设计的过程中可以寻找、发现和认识这些规律。除了造物的过程和物品本身，物与人、物与环境的关系，以及由对物的使用而衍生出的人与人、人与环境的关系，也同样属于设计的范畴。这一系列的元素——物、人、环境，可以整合为一个系统，在某种意义上，这个系统就是我们的生活方式。基于自然规律，整合其他的元素，我们也可以构建各种不同的系统，比如经济、法律，以及人类社会。无论是有形的还是无形的元素，元素构成体系的方法和原则都可以称为结构设计，而结构设计需要遵循的是自然规律。

在传统的产品设计范畴内，结构设计与材料、工艺和力学相关，要解决的基本问题是如何使产品自身稳固、耐用，更加适合人的使用，以及选择与力学结构相适应的工艺及材质。但在广义的设计定义下，我们要考虑的问题远不止于此：作为科学与艺术的载体，设计应体现人类对外部世界的理解与认识；作为设计成果的产品，由于其自身的先天属性，使设计也同时承载了对社会与自然的责任。在广义的设计定义下，设计的命题可以扩展到生态、能源、社会体系，乃至生命。

詹姆斯 • 洛夫洛克(James E. Lovelock)提出的盖亚假说认为，无论是否有生命，地球上的所有物质共同构成了一个具有自我调节能力的有机生态体系。同样，作为生态体系内的人类，其所构建的各种内部或外部联系也是这个生态体系的组成部分之一。由于人类在自然界中的独特地位和人类社会的复杂性，人的某些行为似乎在尝试摆脱自然规律的束缚和生态体系的规则限制，当下由于人类活动而造成的物种消失和环境破坏就是例证之一。设计的本质在于洞察、批判、思辨与创新，如果设计的视角只局限于满足人的需求与愿望，无疑会削弱设计本应具有的价值与承担的责任。

设计最朴素的目标应该是遵循自然规律，所有通过人为努力而构建的物品、空间、组织与系统都可视为设计活动的结果，它们都是为了实现某种目的，而使人、物品、环境、社会与自然建立起各种各样的联系。本书尝试把最基本的自然规律融入基础的产品结构设计中。

本书第1章结构概述，由自然界的结构形成引申到产品设计和其他设计领域，帮助读者破除对产品结构的固有认知，认识结构形成的本源，将结构的理论和生活的实例相结合。

设计的核心目的是以人类的解剖结构、行为习惯和认知为基础，构建有意义的物品或活动，使之改善人们的生活，促进人类社会的进步，协调人与自然环境的关系，而这些都建立在对自然规律的深刻理解和认识的基础之上。本书第2章对力学原理、机械原理、流体力学原理及光学原理等基础知识进行简单介绍，它们是学习产品结构设计的基础。

人为设计创造的结构和自然演化的结构一样，“好”的结构只有一个本质特点，就是用最小的成本获得最大的效益。本书第3章介绍了常用的结构元素，从几何的层面对结构进行分析，并通过案例详细讲解了产品设计中结构元素的使用。

书中的第4章到第6章以金属、塑料和复合材料为例，通过实际案例阐述、分析产品结构与材料、加工工艺的关系。

本书将产品结构基础视为产品创新的重要一环，采用跨学科的思维方式对其进行介绍和分析，体现了产品设计作为交叉学科的特点。

为便于学生学习和教师开展教学工作，本书提供立体化教学资源，包括PPT课件、教学大纲、教案等，读者可扫描右侧二维码获取。

教学资源

由于书中涉及的跨专业知识较多，加之作者水平有限，书中难免存在疏漏之处，望广大专家和读者不吝指教。

编　者

2023.1

目录 CONTENTS

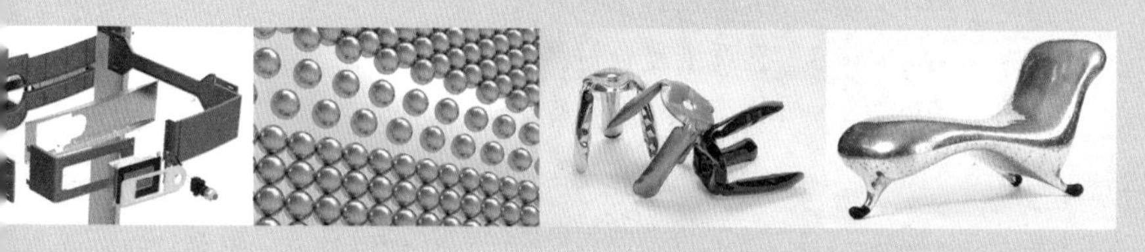

第1章

结构概述

主要内容：从自然界中的结构入手，联系到设计中的建筑结构、平面设计结构，尝试从不同视角介绍结构，使读者认识到“万事万物皆有结构”的道理。

教学目标：通过学习本章的知识，使读者将结构的理论同生活和设计中的实例联系起来。

学习要点：结构的定义，自然界中的结构，人造的结构。

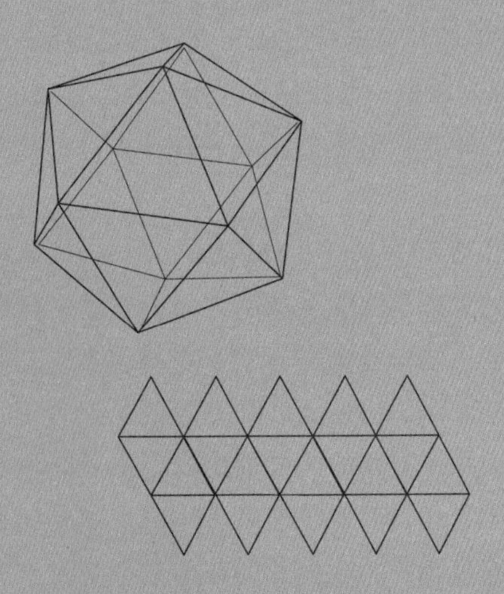

Product Design

1.1 自然界中的结构

结构，即事物自身各要素之间相互关联和作用的方式。例如，构成事物要素的数量比例、排列次序、结合方式及因为环境变化或自身发展而引起的变化等都是事物的结构。可以说，结构就是事物的客观存在方式，万事万物都有结构，而事物不同则结构也不同。

在本书的开始，我们先来介绍一下大自然中各种客观存在的结构，如图1-1所示。它们往往是从古至今人造物结构设计的灵感来源和出处，可以说自然结构是创新者和设计师们取之不竭的灵感库。

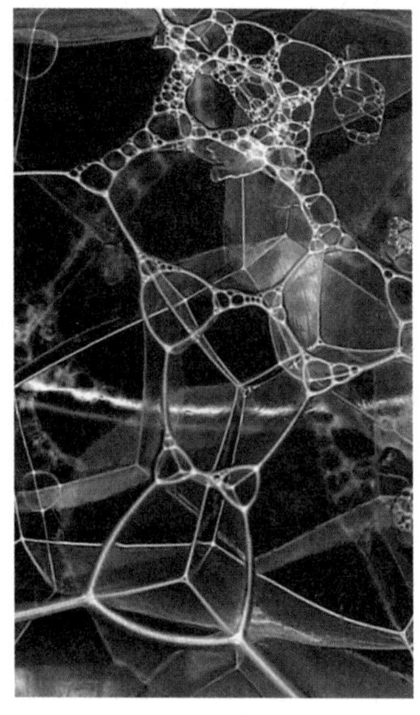

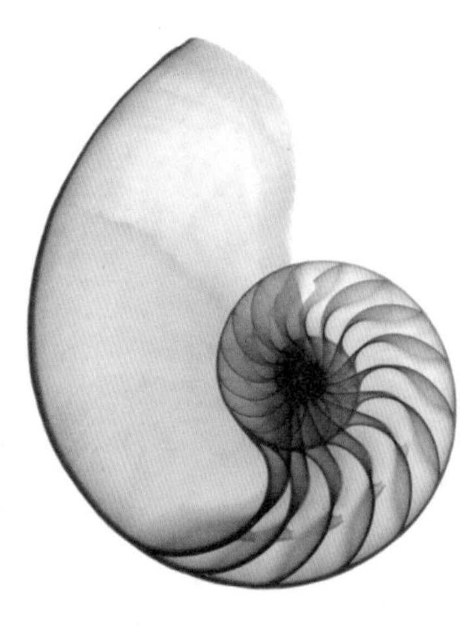

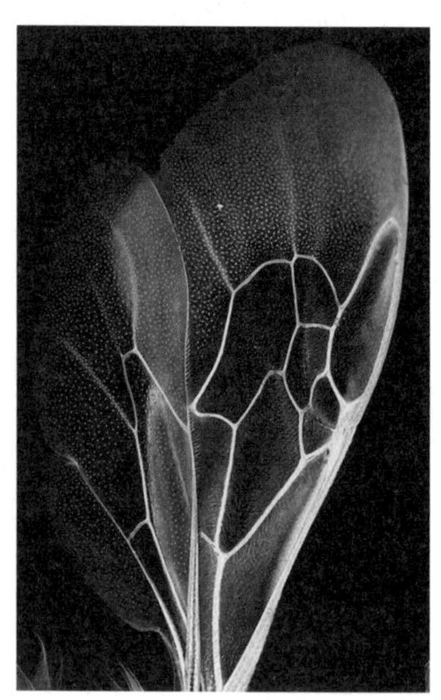

图1-1　大自然中的结构

法国雕塑家奥古斯特•罗丹(Auguste Rodin)在他的《罗丹艺术论》中说，美到处都有，对于我们的眼睛，不是缺少美，而是缺少发现。自然界中的“美”一直围绕着我们，这些随处可见的“美”的背后，则是自然界的法则和规律。这些规律有些我们已经了解，而更多的仍是未知。

例如，0，1，1，2，3，5，8，13，21，34……在这串数列中，每个单独的数都是前两个数字之和。这是由13世纪欧洲数学界的代表人物、意大利数学家雷昂纳多•斐波那契(Leonardo Fibonacci)提出的斐波那契数列。因为斐波那契数列最初是借由兔子繁殖的问题提出的，所以又称兔子数列。此后，科学家在自然界越来越多地发现了斐波那契数列的存在，如在植物界，很多花的花瓣数量是斐波那契数列，有3、5、8、13或21瓣，如图1-2所示。最有意思的是向日葵的花盘，如果把花盘归纳为两组方向不同的螺

图1-2　花瓣的斐波那契数列

线，一组顺时针，一组逆时针，两组彼此交错。我们会发现花盘中的种子数量往往不超出34和55、55和89、89和144这三组数，如图1-3所示。这个结构在植物界随处可见，因为遵循这一规律的植物可以将尽量多的种子包裹到一个相对小的空间里，从而可以更多地繁殖。

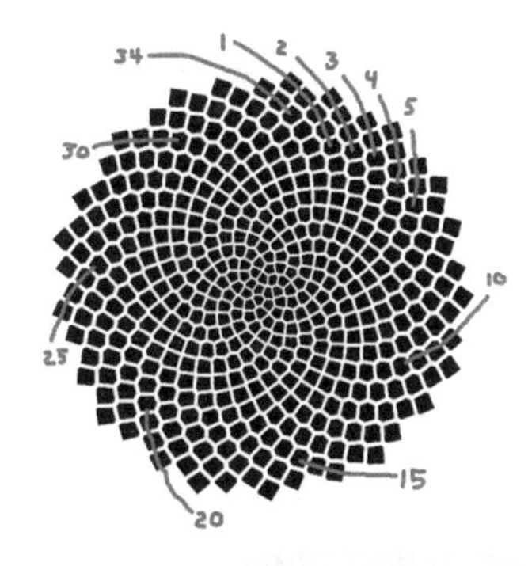

图1-3　向日葵花盘中的斐波那契数列

如果我们用斐波那契数列来创建图形：首先，将边长为1的正方体旁边放一个相同边长的正方体；然后，下面再接着放边长为2的正方体，旁边放置边长为3的正方体，再下面是边长为5的正方体，旁边是边长为8的正方体，以此类推，我们会得到长宽比例依次变化的矩形，如图1-4所示。如果相邻的两个矩形数大小相除，即13除以8等于1.625，21除以13等于1.615，34除以21等于1.619，55除以34等于1.6176……随着数值的增大，商就会无限接近1.618 033，也就是我们常说的黄金分割率，而我们得到的矩形则会无限接近黄金矩形，即完美的图形比例。

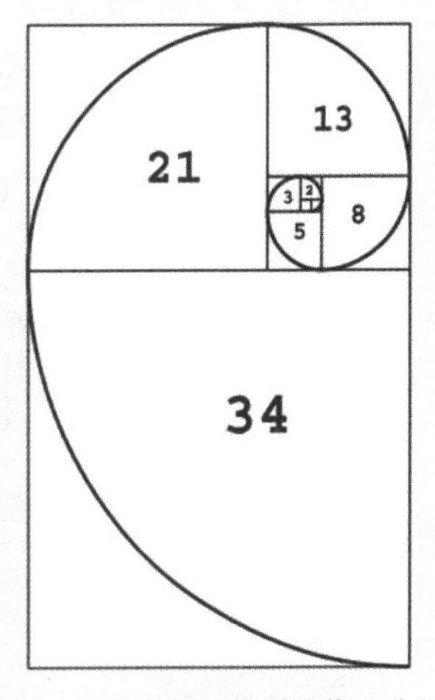

图1-4　斐波那契数列和黄金分割

斐波那契数列和黄金分割线的神奇规律，不仅体现在植物上，而是体现于各个方面，如著名的海底活化石鹦鹉螺。有五亿年历史的鹦鹉螺，其坚硬的外壳中是符合黄金分割比例关系并逐渐增大的腔室。这样的结构，让鹦鹉螺可以实现更大的外壳强度，节省内部空间，从而节省壳体材料，并且随着身体增长始终保持合适的浮力。鹦鹉螺和它的内部结构，如图1-5所示。

图1-5　鹦鹉螺和它的内部结构

1.1.1 人体结构及其应用

人类虽然作为一种高级智慧生命存在，但我们的身体结构同样受到地球环境和自然规律的影响。在地球引力的作用下，我们的身体要保证正常运动，就需要以骨骼作为人体结构中的硬质支架，以关节作为骨骼之间的活动联结，通过肌肉收缩牵引骨骼，从而实现人体的正常行动。所以，骨骼、关节和肌肉，是构成人体的三个基本结构。

骨骼像是人体内可以活动的支架，在肌肉的牵引下起到杠杆的作用。人体既需要灵活运动，又需要稳定的支撑，这意味骨骼在减轻重量保证运动的灵活性的同时，又要保持硬度和人体结构的稳定性，这就促使人类的骨头进化出应对这两种要求的结构。如果我们切开一块骨骼，就会发现它的内部结构，是由靠近外部主要用于支撑的“密质骨”，和内部如同海绵一样可以承受拉力和压力的“松质骨”组成，如图1-6所示。我们的骨头是由有机物和无机物组成，有机物主要是蛋白质，它让骨骼具有韧性；而无机物主要是由钙质和磷质组成，它们让骨骼具有硬度。我们的骨骼就是利用这样的结构层次和材料特性来同时保证轻质和强度的。

在人造世界里，结构和材料特性也是不可分割的一体两面，著名的埃菲尔铁塔的结构设计原理就与骨骼的内部结构原理相似，如图1-7所示。它的桁架结构有层次地结合起来，让各部分的力可以合理传递，使得三百多米高的埃菲尔铁塔既轻巧又结实挺拔。

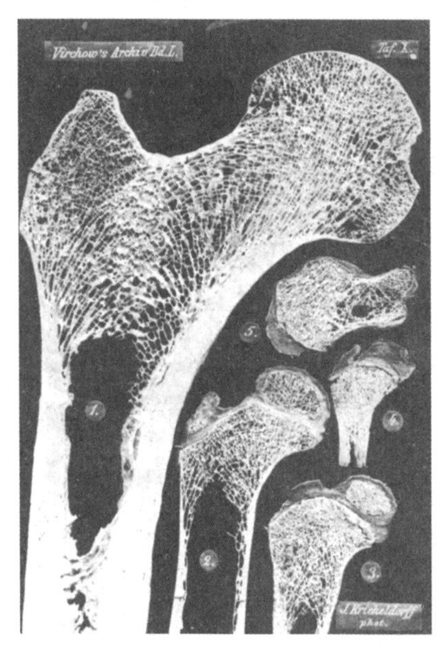

图1-6 骨骼内部结构

图1-7 埃菲尔铁塔结构

骨和骨之间的联结部位就是关节，在解剖学中指的是两块或两块以上骨头之间能活动的连接。根据运动的幅度不同，关节又分为不动关节、活动关节和微动关节三种。不动关节和微动关节的运动幅度很小或者根本不具有运动性，它们起到的主要作用是连接，如胸骨和颅骨。活动关节在两块骨头之间有关节间隙，关节接触面有关节软骨作为保护，如肩关节、髋关节和膝关节。

当我们需要握住桌子上的一件东西(如一个水杯)并放到某个位置，在这个简单的动作中，需要用到我们上臂的三个关节，肩关节、肘关节和腕关节，三个关节相互配合才能完成这个对人类而言非常简单的动作，如图1-8所示。而相同的，机械臂要完成这个简单的工作，也至少需要排列组合三个节点，一个万向关节、一个铰链关节和一个旋转关节，如图1-9所示。

图1-8　人体上臂和关节

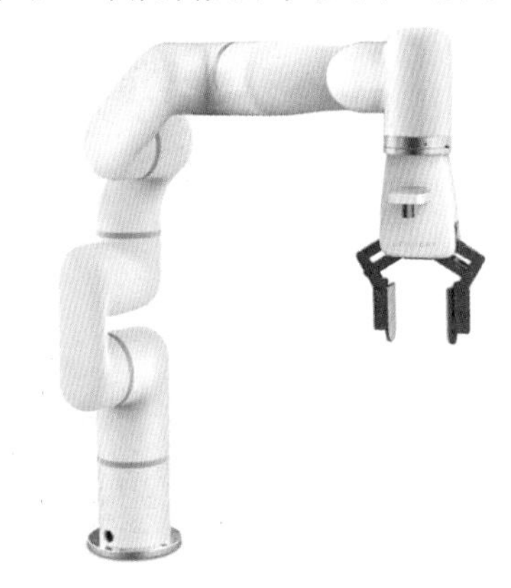

图1-9　机器人手臂

我们的肌肉组织分为三类：骨骼肌、心肌和平滑肌。牵引骨骼的肌肉就是骨骼肌，附着于骨骼上的肌肉有六百多块，肌肉与骨骼附着的接触点称为肌肉附着点。每一条肌肉都是由圆柱状的纤维，又叫肌肉细胞组成，它们的直径只有50～100微米，长度却从几厘米到一米不等，这些纤维被包裹分组为束状，每一束肌肉分别包裹在鞘中。肌肉的横截面积、纤维数量和长度决定了肌肉的力量，如图1-10所示。

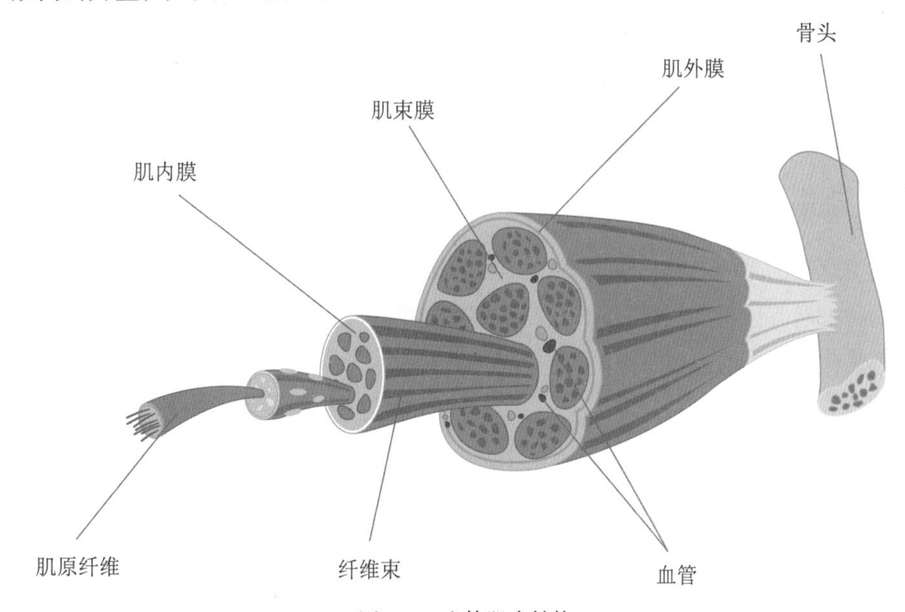

图1-10　人体肌肉结构

德国费斯托研究所研发的具有气动肌腱的机器人手臂，由人造骨骼与肌腱组成，它与人类肌肉的运作方式类似，使用压电比例阀精准控制气动肌腱，如图1-11所示。仿生肌肉主要由中空的人造橡胶缸筒构成，内部嵌有尼龙纤维，当气动肌腱内充满空气的时候，其直径增加、长度缩短，形成流畅的弹性运动，因为它自身是充气结构，所以重量也很轻，如图1-12所示。

图1-11　机器人手臂

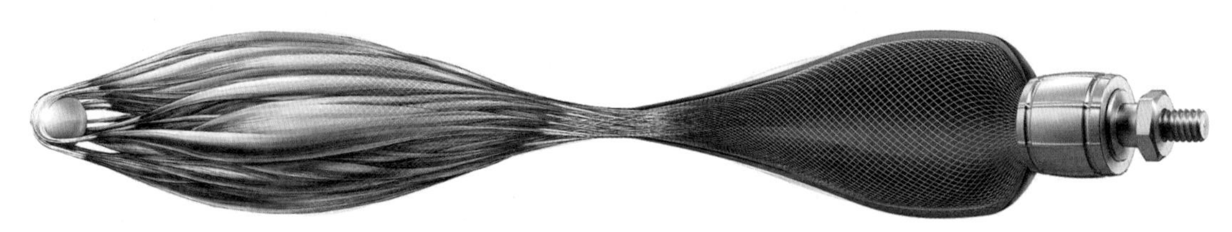

图1-12　气动肌腱

1.1.2　动物结构及其应用

除了人类之外的其他动物，从体型庞大的大象到没有内部器官的水生动物海绵，每一个进化至今的物种都有其独特的生存之道。有些动物的独特“天赋”来自它们的生理结构，而这些结构并不都是肉眼可见的。

1. 壁虎结构

壁虎是蜥蜴家族中的小型动物，最小的壁虎只有2cm长，最大的可以达到30cm。壁虎由于其飞檐走壁的“超”能力，一直是仿生实验室的主角。以前很多人认为壁虎的爪子结构和吸盘相似，是利用压强吸附在墙壁上，但事实并非如此。20世纪60年代，通过电子显微镜发现，壁虎能在垂直的墙壁甚至光滑的玻璃表面上快速行进，是因为它的脚上和尾巴上存在数十亿根丝状体(刚毛)，这让它在各种光滑的表面如履平地，不管这个表面是干燥还是湿润。我们在显微镜下可以观测这些丝状体的结构和形态——它们紧密排列并可以深入到物体的分子之间，从而和接触面产生分子之间的吸引力并实现吸附，如图1-13所示。

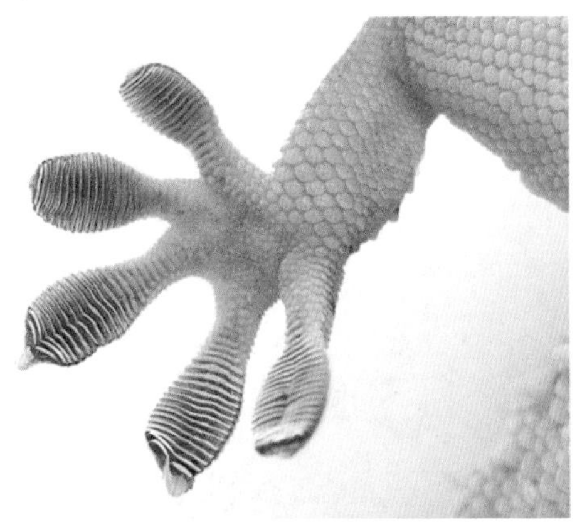

图1-13　壁虎的爪子和微观结构

2010年的诺贝尔物理学奖得主安德烈·海姆(Andre Geim)教授受到壁虎爪子的启发，经过实验，他的研究团队制备出类似壁虎脚部的结构——由聚酰亚胺微纤维构成的阵列。这种具有多层级纳米尺度的阵列，具有类似壁虎脚掌的结构，如图1-14所示。用这种结构制成的胶带比普通胶带粘贴更稳固，还可反复使用。

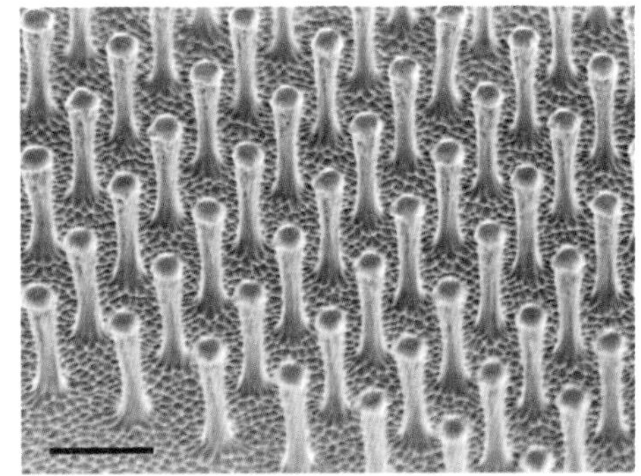

图1-14　聚酰亚胺阵列构成的壁虎胶

在爬行机器人领域，这种仿生结构得到进一步应用，欧洲航天局和加拿大西蒙·弗雷泽大学的研究人员利用壁虎的脚部微观结构发明了另一种“干胶”，并应用在爬行机器人阿比盖尔(Abigaille)上，由于这种胶不会聚集灰尘的特性，使Abigaille在太空的真空环境下也可以很好地爬行，如图1-15所示。

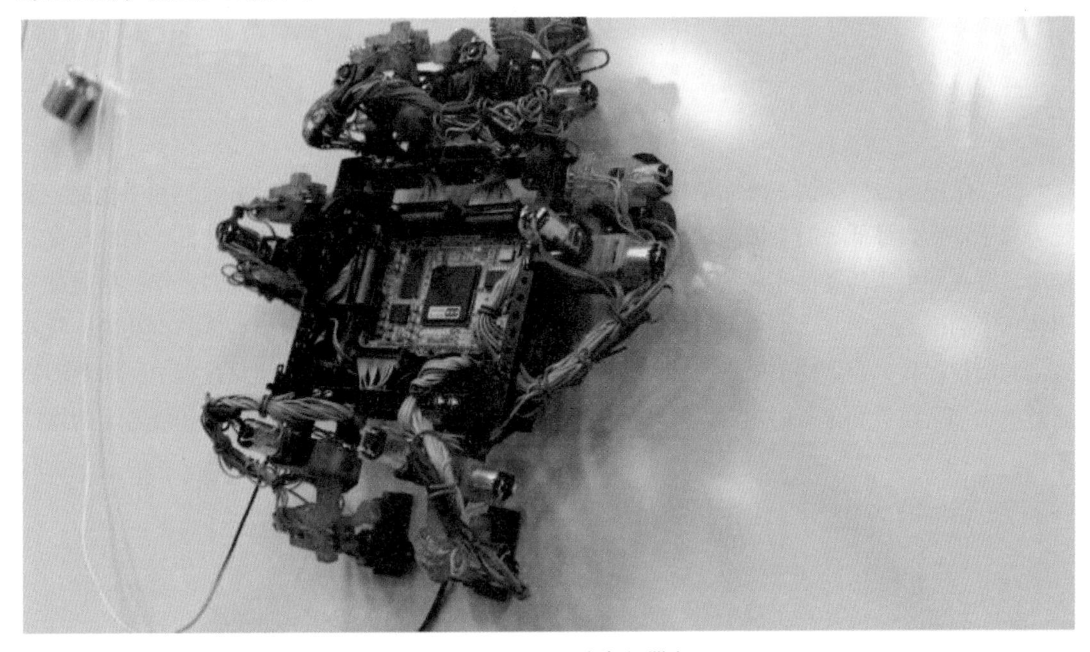

图1-15　Abigaille爬行机器人

2. 海绵结构

海绵是动物还是植物？关于这个问题的争议曾经在博物学领域存在了很长一段时间。18世纪中叶，海绵被定义为动植物(介于动物和植物之间的生物)，一百年后，博物学家们为其正名为群体动物。如今，科学界普遍认为海绵是一种存在时间可以追溯到至少6亿年前寒武纪的原始多细胞动物。

生长分布在地中海、加勒比海和西印度群岛的沐浴角骨海绵既坚硬又柔软，很早就被当地人捕捞，作为沐浴时的清洁工具，如图1-16所示。它在市场上大受欢迎，催生了当地“采绵人”的职业，但过度的捕捞也导致当地海绵在20世纪中叶面临灭绝。

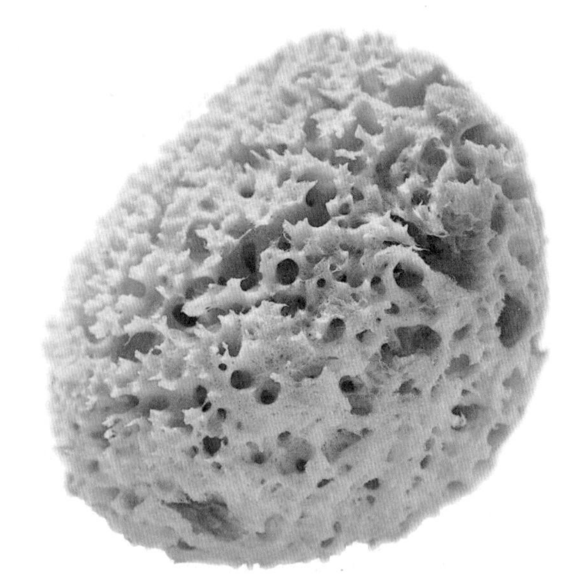

图1-16　沐浴角骨海绵

海绵动物独特的结构，让它具有既坚硬又柔软的特性。海绵动物看起来柔软，但是触摸起来却粗糙和坚硬，这是因为大部分海绵动物都是具有骨骼的。由骨针组成的骨骼支撑和保护海绵动物的身体，保证它的生长和发育，这些骨针约占海绵动物本身重量的75%。常见的骨针形态有单轴、三轴、三轴六放、四轴八放等，如图1-17所示。

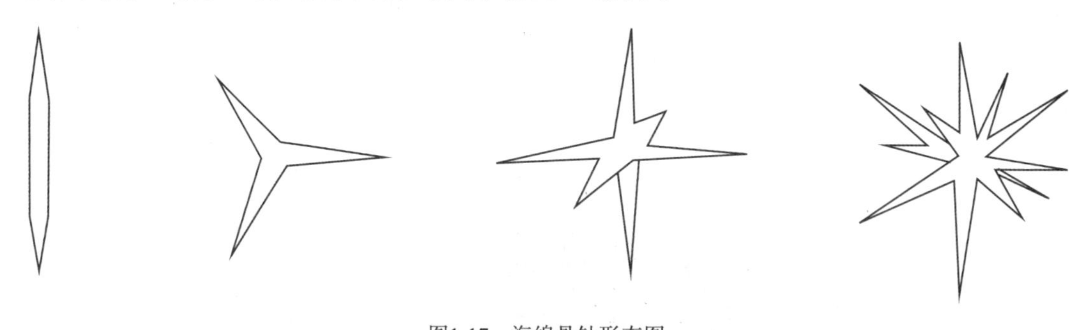

图1-17　海绵骨针形态图

除了微观的骨针结构，海绵动物没有其他执行各种机能的器官，更没有大脑和中枢神经系统，属于动物界最低等的多细胞动物。水沟系统是海绵动物最主要的结构和特征，它的摄食、排泄、呼吸等生理功能的完成都依赖于水沟系统，如图1-18所示。水沟系统的运作，是通过海绵体壁上的鞭毛震动并带动水流，水流将碎屑、藻类等营养物质带入海绵身体的小孔内，营养被细胞捕捉吞食，剩下的杂质与海水再通过出水口流出体外。在漫长的演化过程中，海绵动物通过增加细胞数量和分布面积，以及体壁的褶皱数量，形成了单沟型、双沟型和复合型的体壁结构。

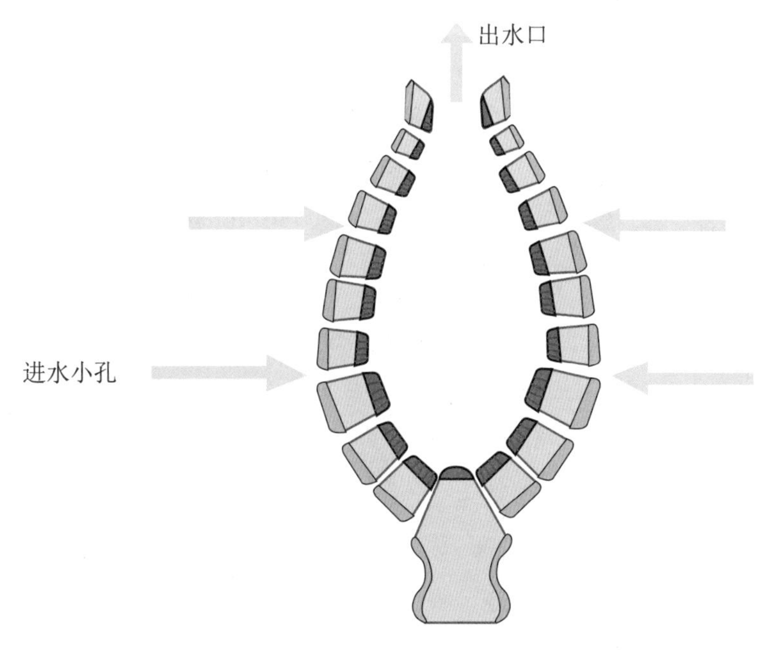

图1-18　海绵的水沟结构

2012年我国提出的“海绵城市”理念，在一定程度上就借鉴、转化和发展了海绵动物吸水和排水的原理，如图 1-19所示。将仿生结构运用到城市系统的设计中，从生态系统的角度出发，构建新的城市用水循环系统，是海绵城市的基本目标。海绵城市的工作原理是，下雨时吸水、蓄水、渗水、净水，需要时将蓄存的水释放并加以利用，实现雨水在城市中的高效、灵活和合理利用。

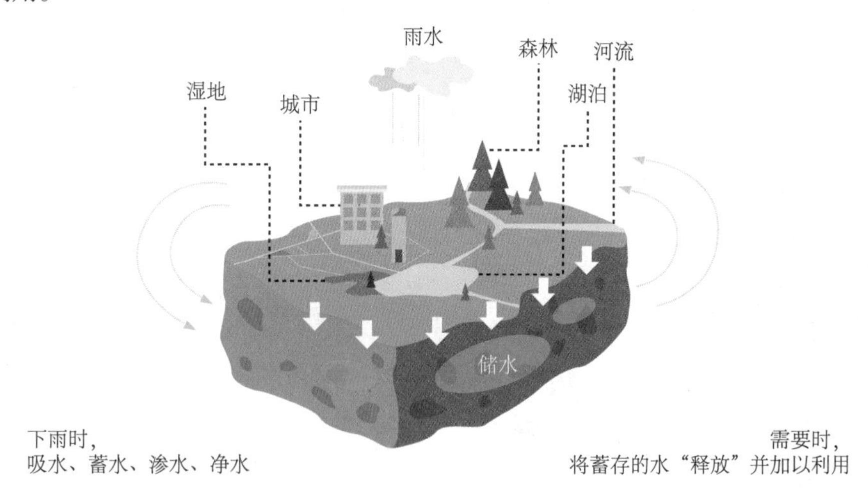

图 1-19　“海绵城市”原理示意图

3. 鸟类结构

鸟类具有独特的生理结构，为了适应飞行，鸟类进化出高度发达的骨骼与呼吸系统。

翠鸟是一种中小型水鸟，以鱼类为主要食物。为了捕获猎物，翠鸟先是在水边观测猎物的行动，然后像一支箭一样快速俯冲入水，将猎物咬在嘴里，它嘴部的曲线可以让其在入水时不激起任何水花，如图1-20所示。

图1-20　翠鸟俯冲

日本新干线高铁车头的设计，是仿生设计领域里著名的案例。1989年日本新干线高铁的建设遇到了严重的问题，连接东京和博多的高铁线路需要穿越众多隧道，因其运行速度超过了320公里，每次列车进入隧道时，快速且巨大的压力变化让车头前端的空气产生声波，使响声震耳欲聋，对乘客和沿线居民，以及野生动物都造成了影响。负责新干线测试的工程师中津英治是一个资深鸟类爱好者，他从对鸟类活动的观察中获得启发，根据翠鸟嘴部的形态和结构优化了新干线车头的设计，如图1-21所示。新的设计降低了30%的空气阻力，解决了因压力差异变化造成的噪声问题，使列车运行速度增加了10%，还节约了15%的电力。

图1-21　优化后的新干线车头

同样痴迷于鸟类形态和结构，并从中获取灵感并转换到设计中的，还有著名的意大利设计师佛朗哥·洛达托(Franco Lodato)。他为坎普(CAMP)公司设计的冰镐，要求应用在极端的天气和海拔高度，不仅需要结实耐用，还要轻巧、便携、耐冲击。在大自然中，最好的“镐”是什么？ 佛朗哥想到了啄木鸟，如图1-22所示。啄木鸟嘴部对树木的冲击频率能达到每秒25次，一只体重小于0.5kg的小鸟，根据它自身的力量，每一次冲击木头可以产生$35kg/mm^2$(3.5x108pa)的力，而同时又能保证自身不受因冲击所产生的反作用力的伤害，这是因为它把整个身体作为完整的力学系统——尾巴作为支点发力，身体作为力臂增加力的作用，脖颈和头部的内部骨骼结构吸收和分散冲击的反作用力。设计师根据啄木鸟的身体结构和力学原理设计了冰镐，参照鸟嘴的倾斜角度合理地调整了镐尖和镐柄的角度，同时保持了坚固和轻盈的特点，如图1-23所示。

图1-22　啄木鸟

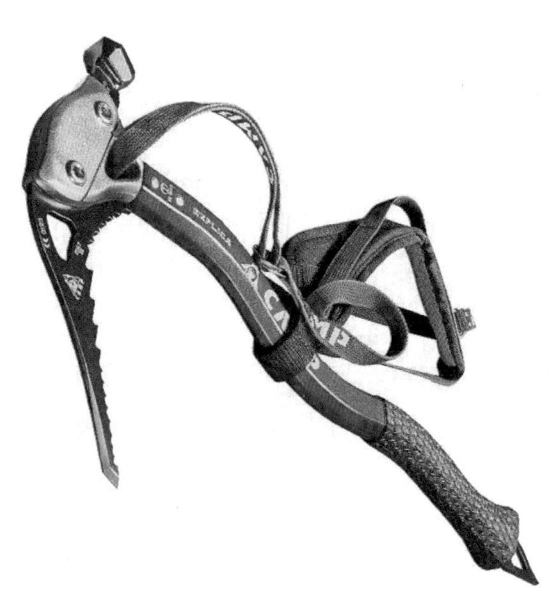

图1-23　CAMP冰镐

啄木鸟让人惊叹的结构还不仅于此，它能频繁撞击树木而不会造成脑部损伤，原因是它独特的头部结构。1976年科学家对红腹啄木鸟进行解剖研究，除了发现啄木鸟的头部肌肉比一般鸟类发达外，同时用电子显微镜观察到，啄木鸟颅骨的微观结构呈现海绵状，孔隙发达致密，这样就可以有效吸收冲击力，减轻对骨骼结构的破坏。最有意思的是，他发现并详细描述了啄木鸟的舌骨结构，如图1-24所示。啄木鸟的舌骨结构与其他鸟类不同，相对较长且被肌肉所包裹，经由下啄分叉为两条，从颈部两侧绕过颅骨，最后闭合于右眼窝处。啄木鸟舌骨这种悬吊型桥梁式结构，使它头部的轴向运动可以被有效束缚，在侧向运动时也相应在一定程度上起到防冲击的作用。而它的大脑在颅内的位置和角度也同时起到了被保护的效果。这个结构原理同样可以被应用在为人类设计的头部防护设备上。

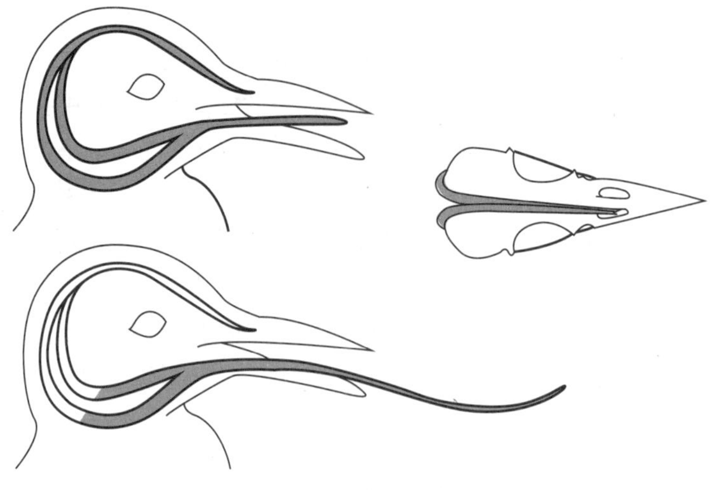

图1-24　啄木鸟舌骨结构

1.1.3　植物结构及其应用

1. 莲叶结构

在设计史中有一个非常著名的仿生结构建筑——1851年的英国世博会会馆，又名“水晶宫”，如图1-25所示。1837年英国探险家在南美发现王莲并带回英国，王莲硕大的叶片和惊人的负重能力引起了园丁约瑟夫•帕克斯顿(Joseph Paxton)的注意，他根据王莲的叶脉结构，设计了可以拆装的“水晶宫”。

图1-25　水晶宫外部照片

为什么王莲有这么强大的负重能力？这与其内部的构造有着紧密的关系，如图1-26所示。在其叶片和叶脉中，存在许多充满气体的空腔，可以起到增加叶片浮力的作用；王莲叶片的背面，一条条粗壮的、交错隆起的叶脉，如同相互拼插的木板，形成了一个个方形的小盒，这种结构能够有效保持叶面的稳定和稳固，使叶子保持舒展，并起到负重的作用。

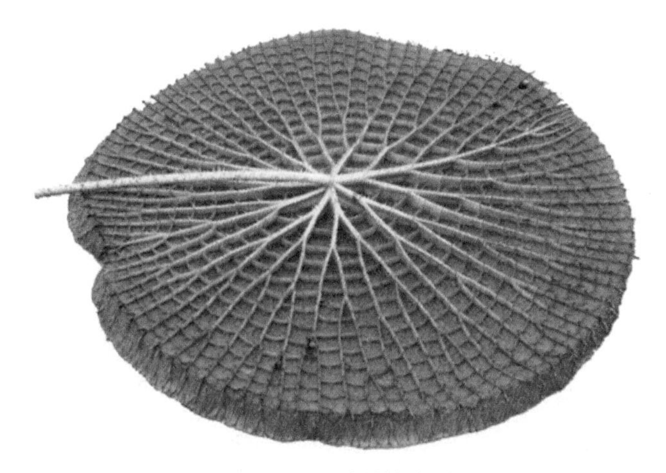

图1-26　王莲的构造图

另一个经常被应用的植物结构原理，就是莲花叶子表面的微观结构。“出淤泥而不染”的莲花早在千年之前就因其自洁功能而为人熟知，但当时的人并不知道莲花的自洁原理。20世纪80年代，科学家用扫描电子显微镜观察到了人类肉眼无法看到的莲花叶子表面的精细结构。德国波恩大学植物学家威廉•巴特洛特(William Barthlott)发现，可以自洁的植物表面有两个基本特征：首先，它们都是由不透水的材料组成，莲叶的表面有一层蜡膜；其次，它们的表面并不光滑，莲花叶子布满绒毛的表面排布着管状的蜡晶体，这种结构导致水只能接触管状晶体的顶部，而不是整个表面。液体由于表面张力，在这个结构上会形成球状，球状水珠会在结构上部滚动，同时将荷叶表面的灰尘带走，这就是我们所看到的自洁效果，如图1-27所示。巴特洛特和他的团队根据这一原理创造了具有自洁效果的物体表面处理方法，建立了“莲花效应”品牌，开发出具有自洁功效的外墙涂料等相关产品。

图1-27　莲花叶子表面自洁效应

2. 松果结构

松果是主要生长于欧洲和西伯利亚的针叶树的果实，松果在树上时保持闭合状态，落地后会逐渐张开，如图1-28所示。雌松果是种子的容器，在树上时(有水分的时候)它处于紧闭的状态，落地后随着干燥而丧失水分，松果的整体结构会收缩致使外部如鳞片般的组织张开，并释放种子(松子)，由其他动物带走后进行传播。这个过程是由松果的两层鳞片实现的，两层鳞片的纤维朝相反方向生长，使得松果在干燥时外层收缩并向外弯曲。

图1-28　打开状态的松果

近几年，随着对于“智能”服装和纺织品的研究，从事相关领域的设计师和研究人员也逐渐将注意力转向仿生结构。英国多家大学研究机构和美国的一些研究机构都从松果的结构中获取灵感，研发了可以根据外界气温变化或在人体体温改变时而改变自身状态的纺织品。利用松果张开的原理设计的布料，可以在吸收水分后膨胀，布料折叠的部分就会向外弯曲，空气得以进入衣物，从而保证穿着人员的皮肤干燥。同样，这种“智能”结构也可应用于建筑的通风系统，以及其他需要自主调节形态的产品中。

1.1.4　系统结构及其应用

结构不仅仅存在于单一的事物中，它同时也存在于宏观的系统中。在系统中的结构，是关于个体元素的数量、比例、排列次序和结合方式等。虽然系统中的结构并不是本书介绍的重点，但是因为设计领域不断扩大和融合的趋势，我们还是在这里做一个简单的介绍。

众所周知，生态系统是由生物(有生命体)和非生物(无生命体)构成的。在地球这个大的生态系统中，动物、植物和细菌、真菌都属于生物范畴；而阳光、水、风、土壤和温度等都属于地球生态系统的非生物范畴。这两者互相影响制约，构成整体的生态系统，而它们之间的结构则是保证生态系统正常循环的关键。在有生命的生物体范畴内，分为生产者(植物)、消费者(动物)，以及分解者(细菌和真菌)三类。作为生产者的植物，利用光合作用提供给食草动物食物，食草动物又被二级消费者和食物链顶端的食肉动物捕食，如图1-29所示；而作为消费者的动物，死后被细菌和真菌消解为无生命的基本元素，并成为植物的养料。宏观的地球生态系统，就是在这样一个互相依存的结构中维系平衡和不断调整。而在这样的宏观生态系统下，还包含着无数小的生态系统，比如沙漠生态系统、热带雨林生态系统，以及适合我们人类生存的空间。

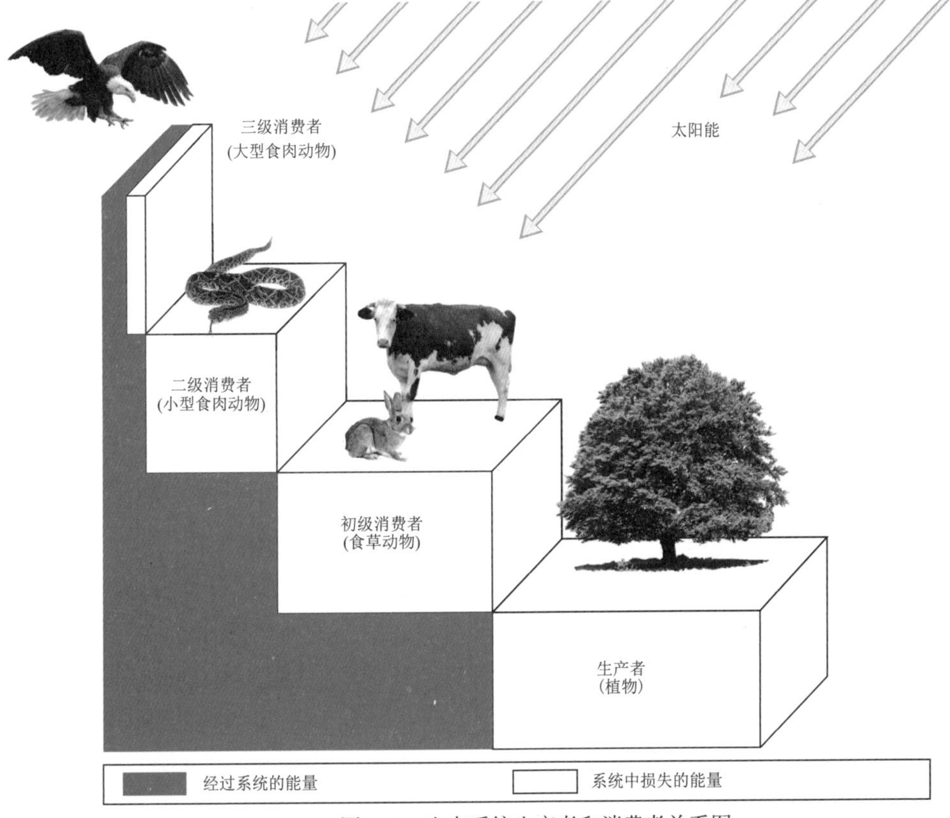

图1-29　生态系统生产者和消费者关系图

2011年在荷兰埃因霍温设计展上，飞利浦公司提出了“家庭生态系统设计”的概念，让人们的生活需求自给自足，并将垃圾和污水转换为能源。这个名为“微生物之家”的概念设计，是一个由多个产品组合使用的可循环生态系统，如图1-30所示。在这个系统中，蔬菜皮直接被扔进垃圾桶，分解成甲烷，继而为家庭其他一系列产品提供能源；塑料包装可以扔进分解装置，被真菌分解，不造成污染和浪费；蔬菜可以在屋内培育，蜂蜜也可以通过连接外部空间的装置获得。每一个功能的输出都是另外一个功能的输入，从而形成循环，家庭成为一个生物机器，每个部分相互作用，从而达到低能耗和降低污染的目的。

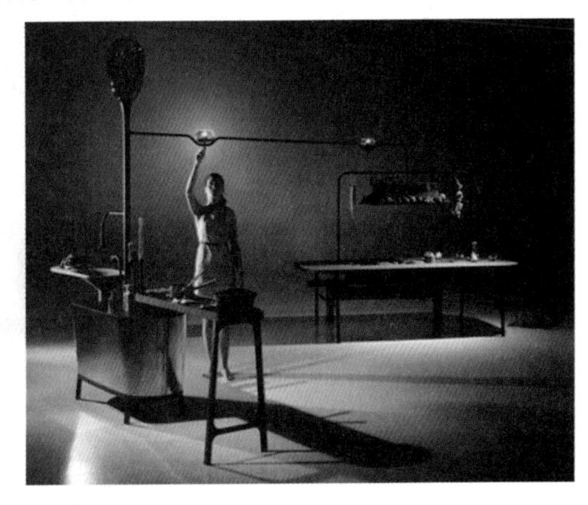

图1-30　微生物之家

1.2 人造的结构

如果说“结构”是事物本身客观的存在方式，那“设计”就是人类主观策略和规划的体现。我们从客观自然世界提取关于“结构”的规律，然后进行设计策划，模仿学习和修改迭代，最后制造生产出我们人类需要的产品，这就是进行“设计”或“结构设计”的过程。

不管是在历史久远的建筑设计领域，还是现代的信息传达设计中，都存在遵循可见和不可见的规律而设计的结构。而那些流传至今，经过时间检验的经典的结构设计，和生物一样，都经历了“演化”的过程，在现实中不断被修改、优化和印证，并成为人类文明流传至今的经典之作。

结构设计是由工程师、设计师及实施者等共同创造的，人为设计的结构世界不同于自然世界，因为人类世界在不断发展和进步，科学技术的发展、经济和世界格局的变更，让我们的品位、才智和需求持续并快速产生变化。在《当自然赋予科技灵感》一书中，作者玛特•富尼耶(Mat Fournier)写道：“我们人类喜欢我们的结构像我们的艺术那样时尚；当我们富有时，我们喜欢奢华，当世事艰难时，我们吝啬地节约。我们以蜜蜂力不能及的方式喜欢更大、更高、更长的东西。与昆虫相比，所有这些超出工程学范围的考虑因素也许会使工程师的任务更令人兴奋，但同时也一定没有那么多的常规可循。与天然的自然结构相比，这种不断的变化为工程结构的设计和分析引入了更多的方向。”所以，人造世界中的结构设计和人类的本性一致，是不断地尝试和超越过去的过程，工程师和设计师在这个过程中不断尝试新的想法，减少结构的重量，减少成本。和自然界结构原则一致的是，人造物的结构原则是对于材料的有效使用，在这种尝试里，从建筑到桥梁，每一个新的结构设计都是一个创新的实验。

1.2.1 建筑中的结构

“砌体结构”是指建筑主体结构以石材、砖、混凝土块等块状材料逐层砌筑起来的结构。相比木结构，砌体结构强度更高、耐久性更好，但不及木结构灵活性高。人类使用砌体结构历史悠久，从希腊雅典的帕特农神庙，到南美印加遗迹马丘比丘，看似随意堆砌的石块，其中有着令人惊叹的精巧构思，每块石材之间都保持着最佳的力传导途径，如图1-31所示。

图1-31　马丘比丘遗址的砌体结构

这种原始的结构和材料也启发了当代的研究人员和设计师。2014年，美国麻省理工学院的教授布兰登•克里福德(Brandon Clifford)和马克•贾佐贝克(Mark Jarzombek)等，从传统而古老的巨石砌体结构出发，研发了无须起重机即可组装大型混凝土构件的方法，如图1-32所示。

图1-32　混凝土构件结构

在建筑大师梁思成的《大拙至美》一书中，对于骨架结构进行了详细描述：先在地上筑土为台，台上安石础，立木柱，柱上安置梁架，梁架和梁架之间以枋将它们牵连，上面架檩，檩上安椽，做成一个骨架，如动物之有骨架一样，以承托上面的重量。屋上部的重量完全由骨架负担，墙壁只做间隔之用。这样使门窗绝对自由，大小有无，都可以灵活处理。所以同样的立这样一个骨架，可以使它四面开敞，做成凉亭之类，也可以垒砌墙壁作为掩蔽周密的仓库之类。而寻常房屋厅堂的门窗墙壁及内部间隔等，都可以按其特殊需要而定。

因为传统木结构骨架的灵活性，从而避免了砖石砌体结构中如果加大窗的尺寸就会削弱负重墙的承重能力的问题。

1.2.2　平面设计中的结构

中文诗词中的韵律格式，是支撑诗词语言的无形的结构骨架，而平面设计中的排版原则，则是支撑视觉信息有效传递的有形的结构骨架。

“二战”后，平面网格排版系统在瑞士得到发展和应用，目的是在排版中尽可能地利用版面中的资源来达到秩序和经济的最大可能性。在20世纪40年代后期，第一次出现了使用网格作为辅助的设计方法，这种新趋势体现在设计师严格遵守设计原则来编排文本和插图，统一所有的页面结构，并坚持以客观的态度来呈现内容。

在约瑟夫•米勒-布罗克曼(Josef Muller Brockmann)的《平面设计的网格系统》一书中，介绍了网格排版的主要原则，网格为设计师提供了实际有效的工具，从而让设计师也可以从组织结构上更有效地处理视觉问题，如图1-33所示。

图1-33 《平面设计的网格系统》封面

网格作为一种秩序系统，体现了视觉设计的结构性，也体现了视觉艺术背后的科学价值观，即体现“美”的视觉作品，恰恰应该是更易懂、更直观，更具有功能性和数学逻辑美感的。

阅读完本章，请思考回答以下问题

1. 斐波那契数列和黄金分割之间的关系是什么？它们存在于自然界的哪些结构中？
2. 埃菲尔铁塔和骨骼的结构特点有哪些相似之处？
3. 壁虎的脚部有什么结构才得以飞檐走壁？这个结构是如何被人类发现的？
4. 请简述CAMP冰镐学习了啄木鸟的什么结构。
5. 哪些设计借鉴了莲花的微观结构原理？
6. 请用自己的语言描述我国传统木结构建筑的骨架原理。
7. 平面设计中有结构吗？请尝试分析一张平面作品的结构。

第2章

结构设计基础原理

主要内容：从力学、机械原理、流体力学、光学等角度理解和分析结构。

教学目标：通过本章的学习，读者能够对产品结构所涉及的基础原理和工程技术领域有一个基本的了解。

学习要点：力学原理，简单机械原理，流体力学基本原理、光学基本原理。

2.1 结构设计原理概述

结构设计原理是人们根据自然规律和法则总结出来的，是我们对自然的最基本的理解和认识，也是人类造物的基本原则。结构设计原理作为基本的框架和基准，涵盖了所有的设计活动。我们设计的核心目的是以人类的解剖结构、行为习惯和认知为基础，构建出有意义的物品或活动，使之改善人们的生活，促进人类社会的进步，协调人与自然环境的关系，而这些都建立在对自然规律的深刻理解和认识的基础之上。

美国迈阿密大学建筑学教授富勒·摩尔(Fuller Moore)说过："基本的物理概念必须被彻底地理解和消化，才能完美地融入结构和设计。"椅子可以支撑身体、车子可以运输、水龙头可以控制出水量……所有的人工产品，在制造和批量生产之前都需要进行结构上的设计。对于初涉产品设计领域的同学或是设计师来说，除了与技术专家和工程师的通力合作，自身也需要对产品结构所涉及的基础原理和工程技术领域有所了解，才不会做出不考虑实际情况的、"奇思异想"式的设计。

材料科学和生物力学研究领域的先驱者J.E.戈登(J. E. Gordon)在其《结构是什么》一书中说："几乎每一件人工制品在一定意义上都包含这种或那种结构，尽管大部分人工制品并非为了满足情感的需求或达到审美的效果，但是我们务必意识到，世上没有无情的表达，演说、写作、绘画，甚至工业设计概莫能外。不管有心还是无意，我们设计制造的每一件东西都带有某些个人色彩，无论好坏，都超越了表面上的理性初衷。"虽说在产品设计中永远包含着主观的目的和意图，但是结构是理性的。在产品设计领域，只从外观出发，不了解或不考虑结构问题，是不可能产出有突破性的创新产品的；但如果只是从结构、材料或是成本出发，则往往会产生所谓的"工程师式"的产品，不能被人舒适地使用，也不能引起消费者的情感共鸣。

结构设计作为产品设计中重要的一环，是始终贯穿于产品设计的整个过程之中的，是科学技术、人因工程、设计思维创新和社会市场需求等多种因素的融合和考量。我们想要在结构设计中获得艺术性，需要具有应对诸多不确定因素的能力，在精确的关系还未建立的条件下，通过大量的实验和准确的判断引导整个设计流程。只有丰富的经验和跨学科的知识融合，才能真正支持设计和结构的创新。

2.2 力学原理

《汉谟拉比法典》是大约在公元前1776年颁布的法律汇编，是具有代表性的楔形文字法典。由于它的原文刻在一段高2米，上周长1.65米，下周长1.9米的黑色玄武石柱上，所以又被称为"石柱法"。该法典中有一些直接与房屋建造和安全相关的条例：

"如果建造者为某人建造一所房子却不牢固，结果房屋倒塌使房屋主人死亡，那么这位建造者将被处以死刑。如果房屋倒塌导致房屋主人儿子死亡，那么建造者的儿子将被处以死刑。如果建造者为某人建造了一所房子却并未使其达到要求，致使一面墙体坍塌，那么这位建造者必须自己出资来加固墙体。"

建筑中的竖向结构构件包括柱和承重墙，其中柱作为一种线性竖向的结构构件，沿其轴线承受压力，柱的承载能力因其长度、材料和自身结构而异。当一根细长柱(杆件)受到轴向压力作用的同时，随着荷载的增加，柱会产生侧向变形，最终在弯曲和压力的共同作用(而非单纯的压力作用)下被破坏，这种现象称为屈曲失稳。在屈曲的情况下，杆件弯曲，瞬间可能发生失效，比如地震时的建筑，如图2-1所示。

图2-1　建筑中的屈曲

这种情况同样也会发生在工业产品中，承受过大压力荷载的短柱会由于压碎而失效，承受持续压力荷载的长柱则会突然侧向弯曲屈曲，如图2-2所示。决定构件屈曲荷载的临界压力荷载值，即受压构件的极限荷载。

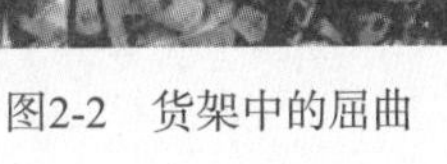

图2-2　货架中的屈曲

家具中的竖向构件作用与之相同，对于承担支撑作用的竖向杆件(如椅腿、桌腿)，需要考虑其长短、大小、曲直及其横截面的形态，它与横向结构的连接方式也是决定构件结构稳定和承重的重要因素。

家具虽然也是具有承载作用的结构，但是当家具发生损坏时，除非有明显的不合理结构的问题，我们最先考虑到的可能是使用的不当。除了一些真正造成严重的、不可逆损失的事件，如“2014年美国一款热销的柜子倒塌砸死幼儿”“超市门口的置物柜倒塌，砸伤母亲砸死两岁男童”“两岁女童攀爬银行填表台致倾倒砸伤，送往医院途中不治身亡”“孩子爬置物柜，遭砸伤”……造成这些悲剧的原因是当抽屉被拉开后，如果柜体只是单纯靠墙放置而没有与墙体固定，那么当外界出现其他的力P时，A点变成支点，由于杠杆作用原理，P不需要太大就可以打破柜体原有的力平衡状态，即B点受力N_2=0时，柜体重心就会变化导致倾斜直至倾翻，如图2-3所示。

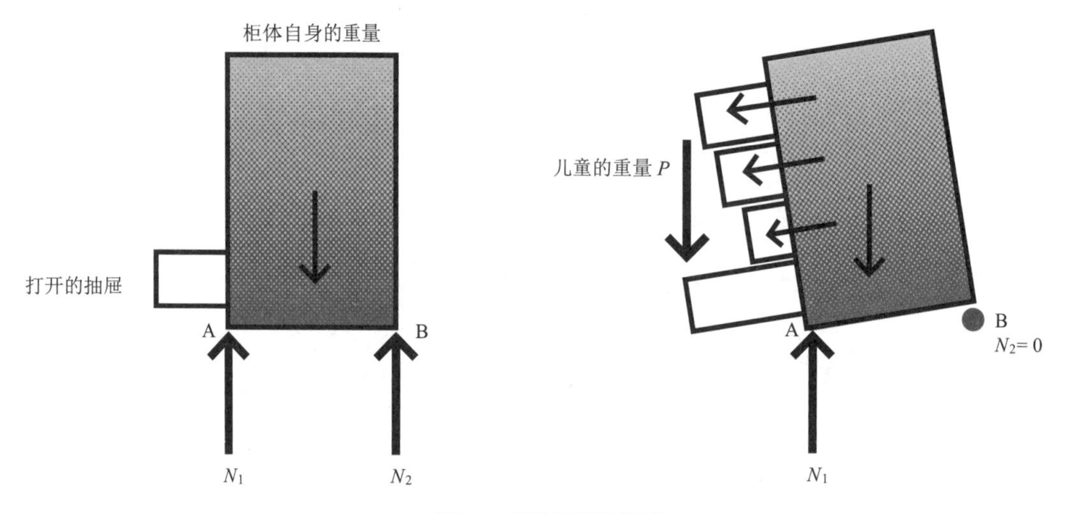

图2-3　柜体倾翻分析图

《家具结构设计》一书中讲到，家具设计的第一步就是确定这件家具在使用时必须要承担的载荷，虽然载荷总是难以预见。为了确定这些载荷，设计师必须对这件家具在使用时将要处于何种条件有一个透彻全面的了解，不仅需要知道这件家具将如何被使用，还必须知道它将如何被不合理地使用。

相比经过长时间不断迭代的建筑学相关的结构知识和分析方法，产品和家具领域的结构分析方法少之又少。我们也经常看到不同领域，尤其是建筑领域中的设计师，将建筑相关的结构原则轻松而灵巧地向家具领域转化。

2.2.1　框架结构

建筑中最常用的框架结构，是通过水平构件(梁和板)和竖向构件(柱和墙)构成承重结构，将荷载传至地面，如图2-4所示。

家具设计中也常有框架结构的应用，如图2-5所示。

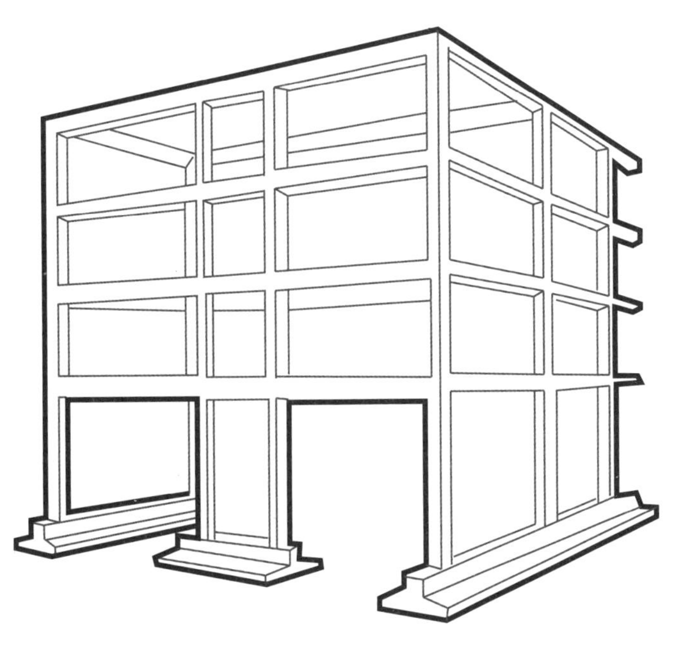

图2-4　建筑框架结构

图2-5　框架结构的家具产品

正交框架要求具有抵抗水平力的稳定性，比如建筑中抵抗风或自然环境中的其他水平力，家具中的凳子、桌子或架子等需要抵挡侧面摇晃和推拉的力等。

要达到水平稳定性，需要通过将框架分解为几何形式的稳定三角形，如图2-6所示。

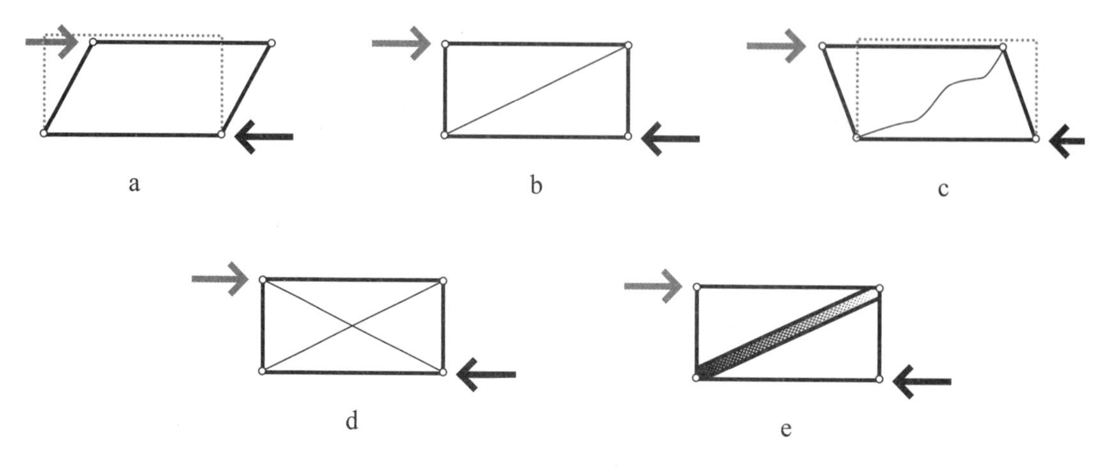

图2-6　将框架分解为稳定三角形

具体来说，框架分解为几何形式的稳定三角形会出现几种情况：图2-6a中，矩形框架铰接节点不稳定；图2-6b中，添加一个斜拉索位于对角线方向，拉索处于张拉状态时可提供相对稳定性；图2-6c中，当拉索无法抵抗压缩时，则无法提供稳定性；图2-6d中，添加第二条斜拉索，可在两个方向上提供稳定性；图2-6e中，增加一个对角撑，可抵抗张拉和压缩。

此外，还可以在构件相交处，创建刚性连接增加稳定性，如图2-7所示；以及经常使用在建筑中的剪力墙结构，即固有抗剪能力的平面来实现，如图2-8所示。

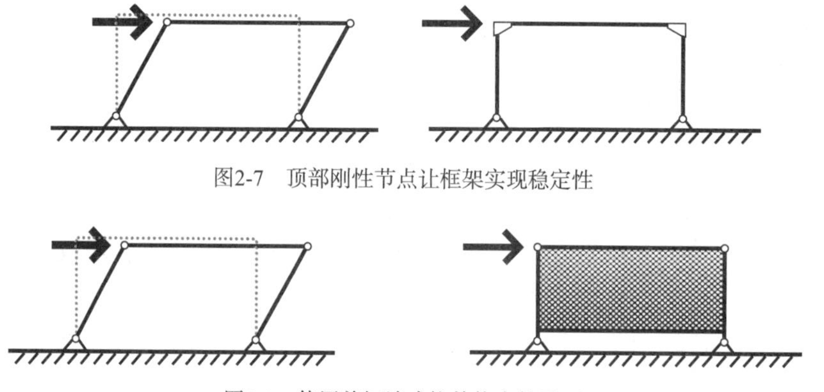

图2-7　顶部刚性节点让框架实现稳定性

图2-8　使用剪切墙或抗剪能力的平面

在产品中使用刚性节点实现框架稳定性的案例非常多。比如，宜家(Ikea)的书架结构上使用的刚性节点构件，如图2-9所示；还有一些更为精巧的使用方法，如芬兰建筑师阿尔瓦·阿尔托(Alvar Aalto)设计的层压板家具，使用了刚性节点侧向稳定性结构原理，如图2-10所示。

图2-9　架子所使用的刚性节点构件

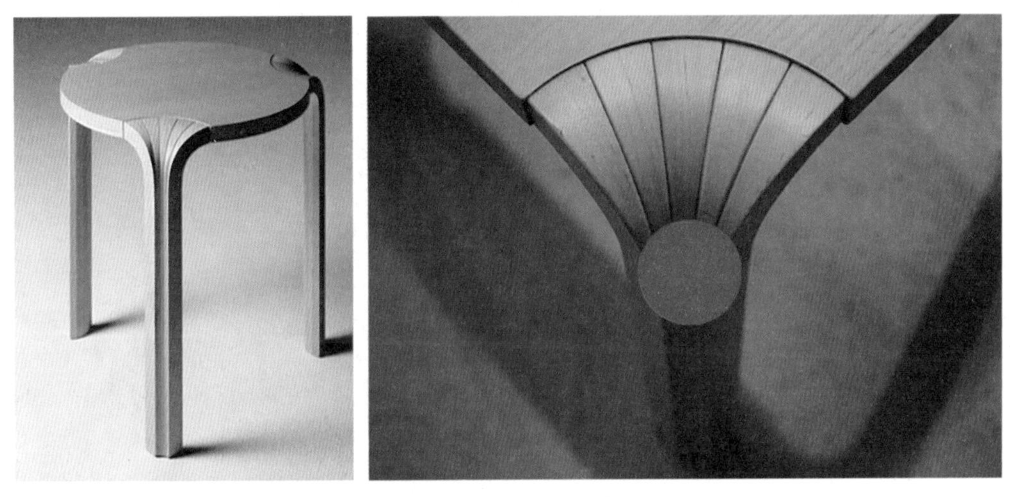

图2-10　层压板家具使用刚性节点侧向稳定性结构

2.2.2　桁架结构

桁架，是一种由杆件彼此在两端用铰链连接而成的结构。桁架由直杆组成，一般具有三角形单元的平面或空间结构，如图2-11所示。桁架杆件主要承受轴向拉力或压力，从而能充分利用材料的强度，在跨度较大时可比实腹梁更节省材料，实现减轻自重并增大刚度的目的。简单地说，桁架结构就像我们组装玩具，把物料制作成一个或多个三角形结构。三角形是桁架的基础单元，即使是铰接结点，只要不改变各边的长度，它的形状就不会改变。所有杆件都在同一平面内的桁架叫作“平面桁架”；组成三维立体结构的则是“空间桁架”。

在欧洲中世纪发展起来的最简单的屋顶桁架样式是A字形桁架，如图2-12所示。后来桁架结构逐渐延伸到桥梁、船舶、飞机、舞台搭建等众多产品结构中。

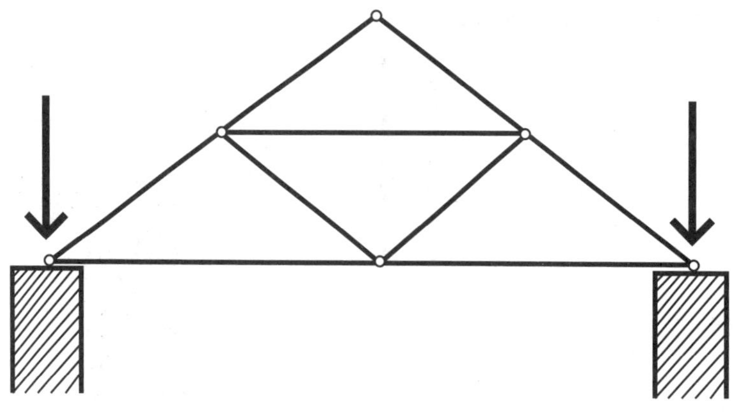

图2-11　桁架

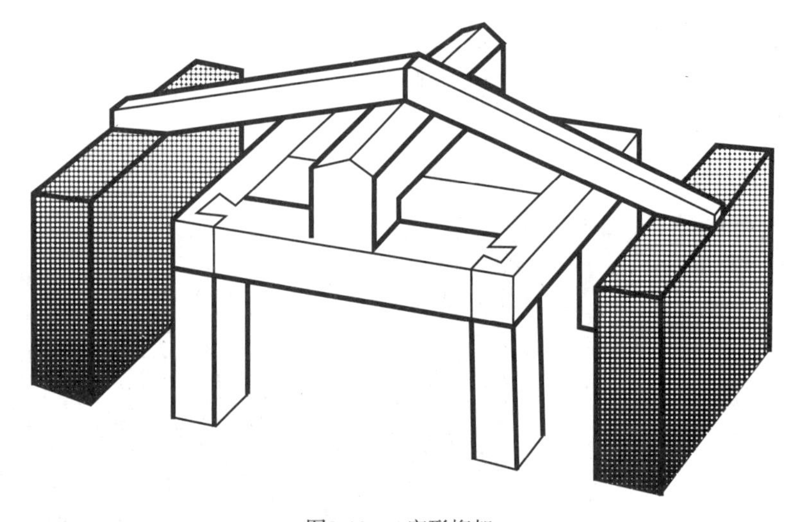

图2-12　A字形桁架

简单的三角形就是基础的立体桁架结构，如烛台、三角形民宅等。这种结构在几千年前就被人类发现并使用，如古埃及的航海船，如图2-13所示。

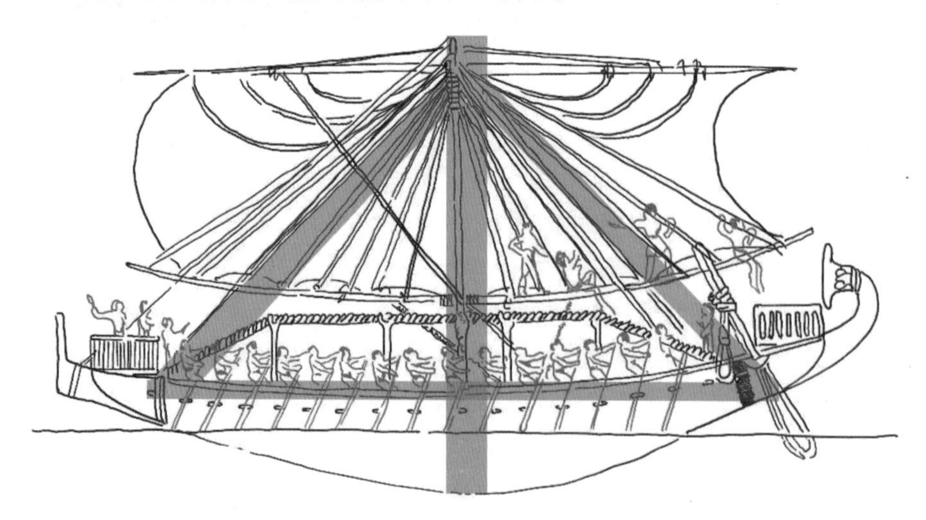

图2-13　古埃及航海船中的桁架结构

我们现在所认知的桁架结构，最早是由古罗马人在建造木桥和屋顶时使用，由意大利建筑师改进，都为木质结构。人们长期使用的木制三角桁架主要用于屋架，19世纪中叶以后英国开始使用金属制作组合形式的桁架。常见的三角桁架类型，如图2-14所示。

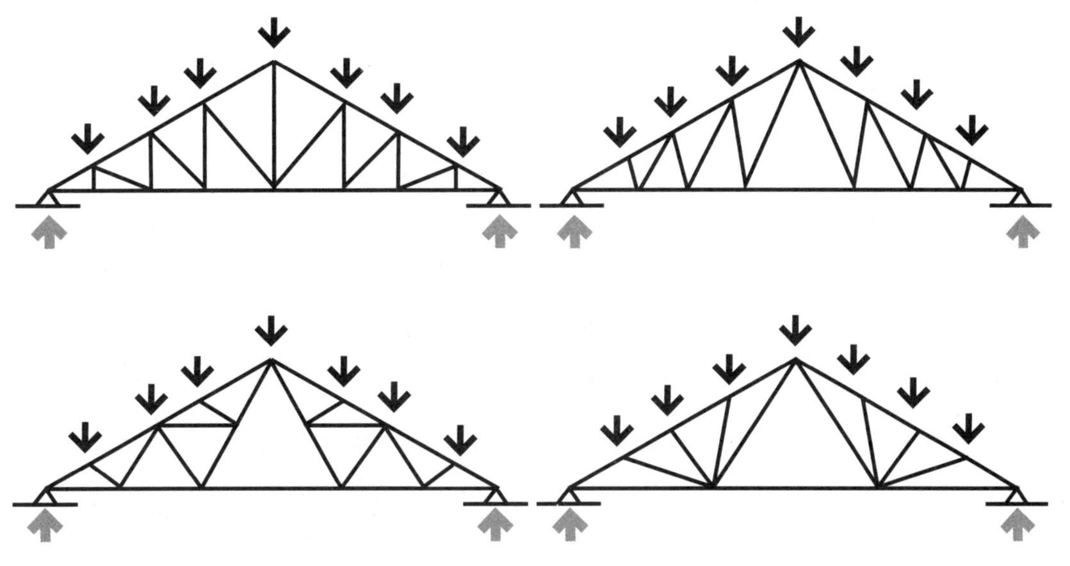

图2-14　常见的三角桁架类型

1820—1840年，受到美国铁路大开发的影响，对于铁路和桥梁的承重度产生了更高的要求，经过多次的实践与理论验证，人们从更加抽象的概念开始研究现代桁架。梁桁架在19世纪中叶出现，其整体力学性质与梁相似，由上部的水平杆(上弦杆)、下部的水平杆(下弦杆)和腹杆(上下弦杆以外的杆件)组成，上下弦平行，故又称为平行弦桁架。常见的梁桁架类型，如图2-15所示。

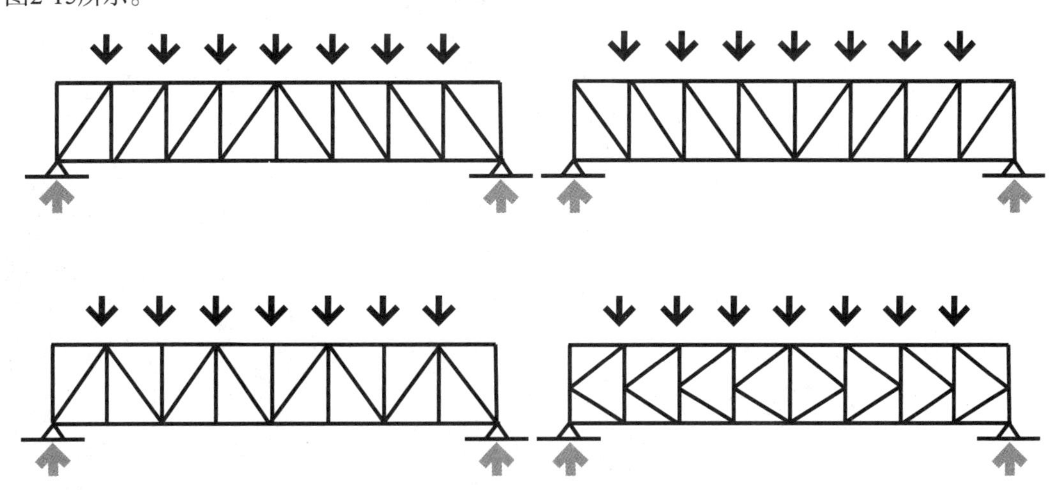

图2-15　常见的梁桁架类型

1977年，在法国巴黎建成的蓬皮杜国家艺术文化中心是桁架结构在现代建筑中应用的一个典型案例，如图2-16所示。该建筑由意大利设计师伦佐•皮亚诺(Renzo Piano)和英国设计师理查德•罗杰斯(Richard Rogers)设计，它的结构中大量采用了平行弦桁架。建筑内部各结构外露，各功能构件暴露在建筑立面上，从而给内部提供了巨大而灵活的展览空间。建筑外部有28根柱子，整个结构由桁架和格尔悬臂梁组成，如图2-17所示。

图2-16　蓬皮杜国家艺术文化中心外观

图2-17　建筑外部的桁架和格尔悬臂梁

在产品设计领域，桁架结构也经常被采用。例如，德国的家具设计品牌System180，就把桁架结构应用到展会、办公空间等的家具中，如图2-18、图2-19所示。

图2-18　System180设计的桁架结构的桌子

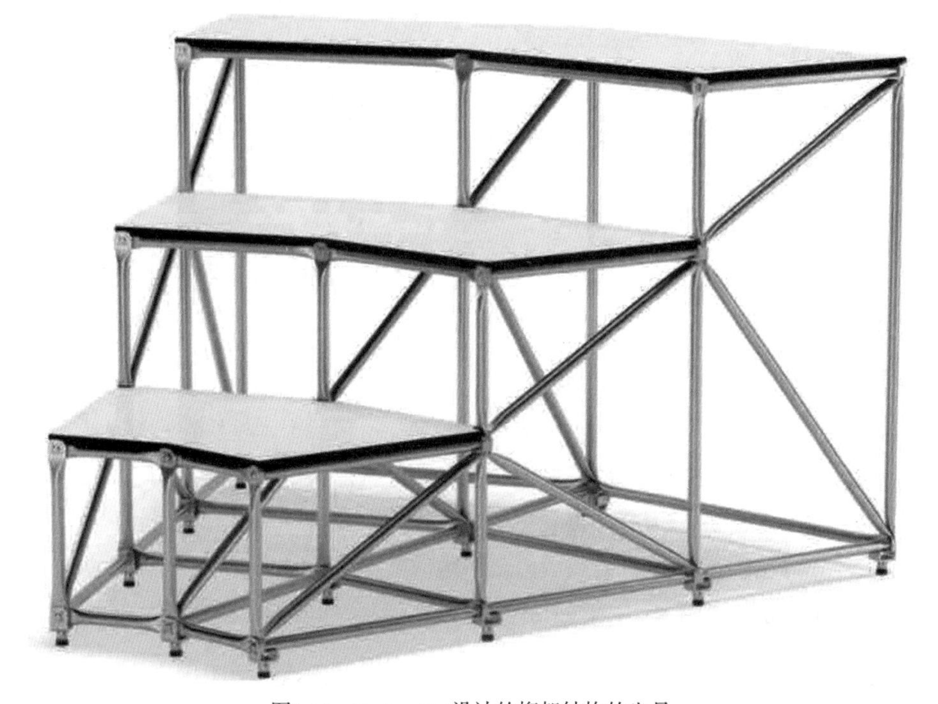

图2-19　System180设计的桁架结构的坐具

2.2.3　悬臂结构

1638年伽利略·伽利雷(Galileo Galilei)提出了认识悬臂梁弯曲属性的理论，让人们进一步加深了对梁的早期认知。但由于对材料的认知有限，使他错误地假设所有的纤维在拉伸时受力相同，压缩对弯曲没有任何影响，如图2-20所示。50年后的法国物理学家埃德姆·马略特(Edme Mariotte)，才正确地推断出悬臂梁上半部分处于受拉状态，下半部分处于受压状态。

建筑中巧妙应用悬臂结构的例子有很多，最经典的莫过于美国建筑师弗兰克·赖特(Frank Wright)的流水别墅，如图2-21所示。流水别墅主体的钢筋混凝土结构平台悬臂长度超过5米，使用了楼板梁和实心混凝土栏杆，提高了结构的抗弯能力，从视觉上创造了悬浮于瀑布之上的建筑的效果。

图2-20　伽利略的悬臂受力图

图2-21　流水别墅

“简支梁”和“悬臂梁”是“梁”的两个主要范畴。

简支梁，简单来说就是两端都搁置在支座上的梁，就像一个木桩搭在小溪两岸形成的最简单的桥的结构。我们在生活中常见的城市混凝土立交桥就是简支梁结构。

悬臂梁，简单来说就是一端有固定支撑的构件固定，而另一端没有搁置点的梁，就像一个人站立状态下伸出一只手臂，如图2-22示。该结构的梁在受力时，力垂直于其轴线，从而会引起弯曲。生活中常见的悬臂梁结构，如外挑的阳台、路灯、吊塔等。

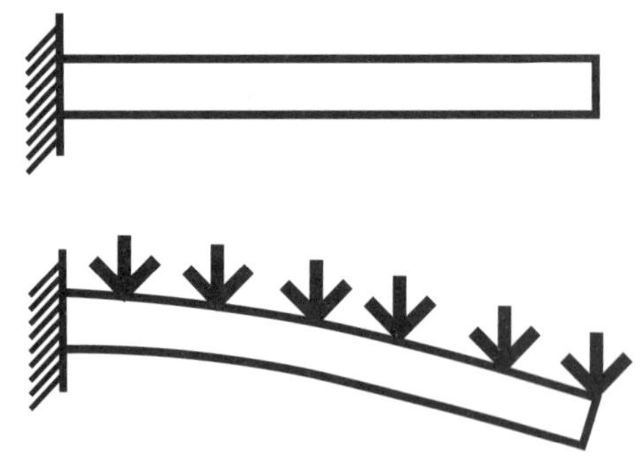

图2-22　悬臂梁结构

在产品设计领域，1926年荷兰建筑师马特•斯坦(Mart Stam)首次设计出没有后腿的悬臂椅，如图2-23所示。结构上使用前椅脚作为单边支撑，所以悬臂椅在形态上具有C字形的椅子脚结构，呈现悬浮效果。同年，密斯•凡•德•罗(Mies Van der Rohe)的MR10钢管悬臂椅、马谢•布鲁尔(Marcel Breuer)的钢管椅也相继面世，如图2-24所示。

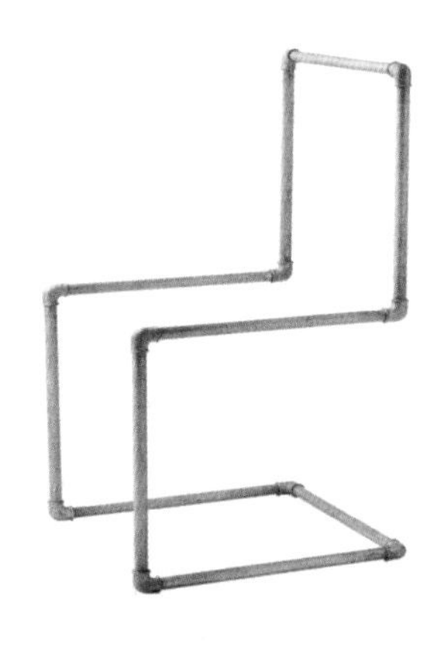

图2-23　马特·斯坦设计的悬臂椅

图2-24　马谢·布鲁尔设计的钢管椅

随着20世纪七八十年代塑料材料和塑料一体成型工艺的发展，悬臂椅的结构被进一步应用到更多设计中，广为人知的莫过于芬兰设计师维纳·潘顿(Verner Panton)的S形椅，如图2-25所示。现代设计师罗斯·洛夫格罗夫(Ross Lovegrover)也使用同样的结构原则，设计了更多有创意的产品，比如悬臂结构的楼梯，如图2-26所示。

图2-25　维纳·潘顿设计的S形椅

图2-26　悬臂结构的楼梯

2.3 简单机械原理

工业产品中的每一种机器，都需要遵循机械原理，如图2-27所示。这些原理可以单独作用，大多数情况下则是通过复杂的联动装置连接起来的。

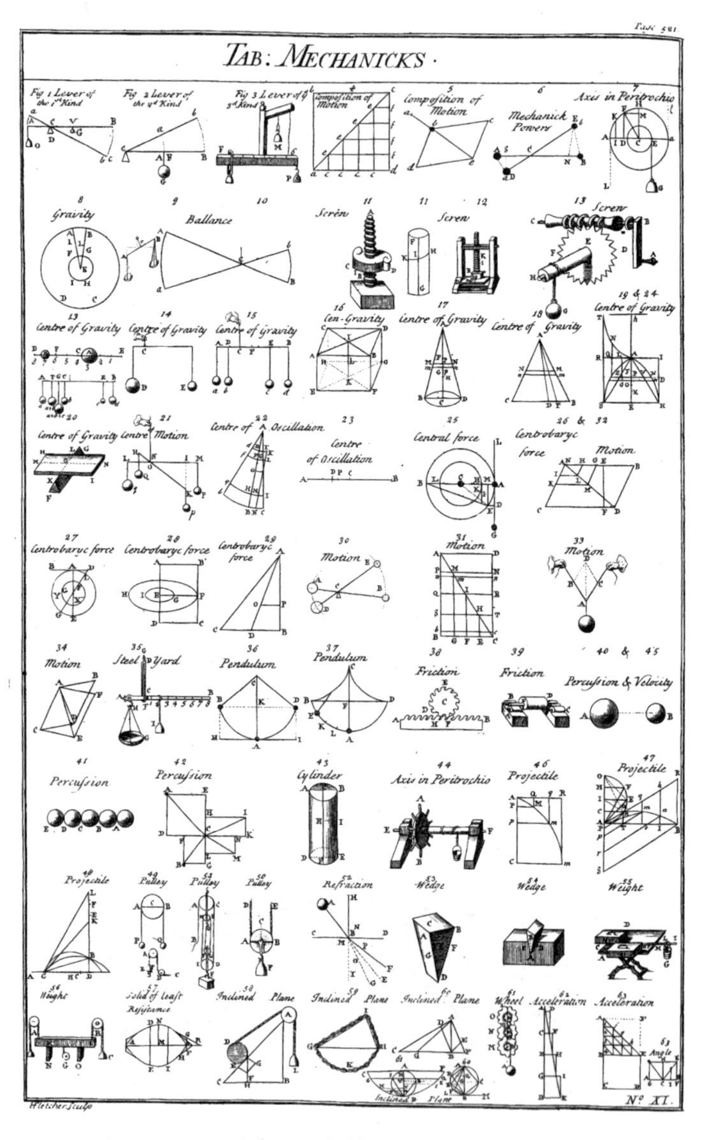

图2-27　机械原理图鉴

简单机械原理是机械原理中最基本的单位，包括斜面、楔子、杠杆、螺旋、轮轴和滑轮等。这些机械结构可单独作用，也可以组合变化：轮轴和楔子可结合为齿轮；轮轴和螺旋可结合为螺丝；轮轴和滑轮可结合为杠杆的变体。不管是哪种简单机械原理，它们的基础要素都是一致的，即力的三要素：力的大小、方向和作用。力的三要素的改变都会对简单机械的效率产生影响。而简单机械表现为工具，起到的是受力、施力和力的传导作用，且作为工具的机械不能节省或产生功，只能传递或转换功。

2.3.1　斜面和楔子

斜面，是古希腊人提出的六种简单机械元素中的一种。斜面作为一种倾斜的平板，能够将物体以相对小的力从低处提升到高处，与此同时物体的路径长度也会增加，如图2-28所示。

在机械工具中大多数使用斜面的产品都是以楔子的形式出现的，比如犁头、拉链、斧头、剪刀的刀刃等。楔子在这些产品中充当滑动的斜面，使用产品时斜面自身移动，物体无须沿着斜面向上滑动，也可以将物体抬升，如图2-29所示。斜面相对物体移动得越远，它抬升物体的力就越大。

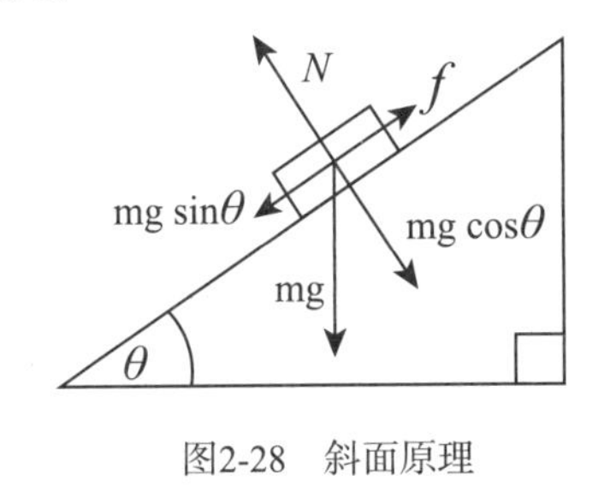

图2-28　斜面原理

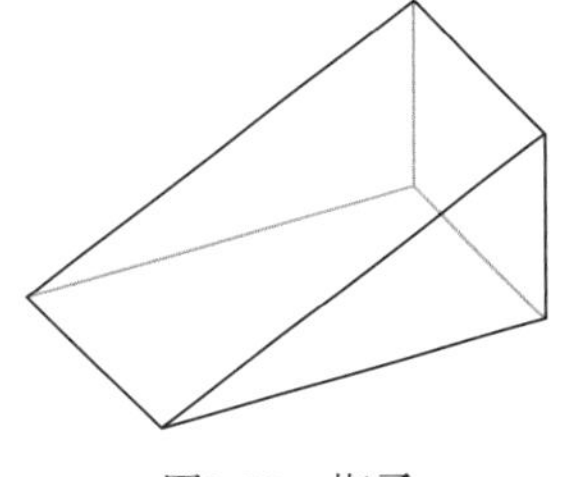

图2-29　楔子

我们平时常用的楔子原理的产品中，结构最为巧妙的就是拉链，如图2-30所示。拉链的轨道上有数十个链锁齿，它们彼此偏移。

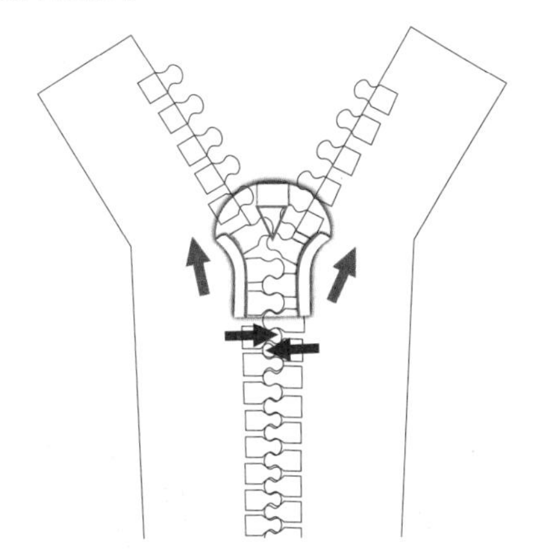

图2-30　拉链结构图

拉链头内部的结构为楔形，当向上拉动时，位于拉链头下部的两个楔子促使链锁齿相互啮合；当向下拉动时，拉链头上部的三角形楔子则将咬紧的齿分开，如图2-31所示。

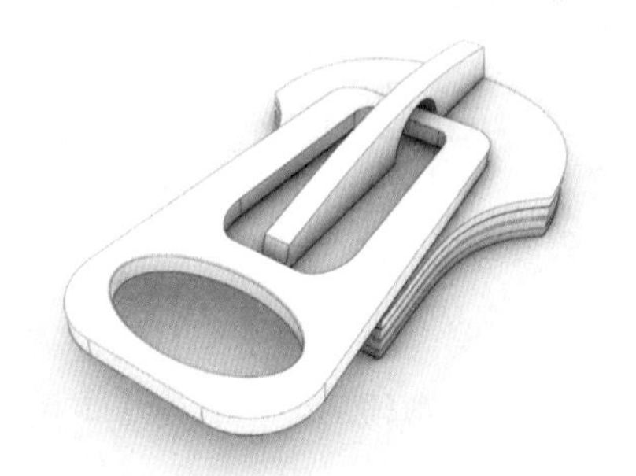

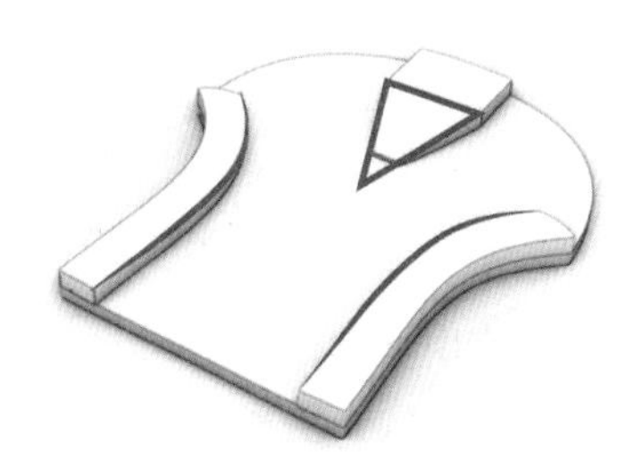

图2-31　拉链的楔子结构

在我们日常使用的物品中，剃须刀和电动剃须刀的刀片切割部分，也都应用了斜面楔子原理。

剃须刀的应用历史非常久远，考古学家发现，穴居人就已经会使用贝壳和打火石消除毛发。有记载的剃须历史出现在古埃及，在这个天气炎热潮湿的地区，人类身体上的毛发是真菌滋生的温床，因此不管是出于清洁的功能还是社会文化的需要，都让埃及上流社会痴迷于清洁身体上的毛发。随着金属的使用和采矿业的发展，也衍生出各类不同的剃须工具。公元前四世纪，剃须和剃发在希腊和罗马推广流行，并在接下来的千年里不断蔓延成为整个欧洲人的生活习惯。

以前，大多数男士都在理发店剃须，因为剃须刀的使用需要一定的技巧，楔形刀刃需要和毛发保持30º的角度，如图2-32所示。直到安全剃须刀被发明，使用者可以自己控制刀片和脸部的角度，这种手持的剃须刀也在20世纪初被广泛地推广和使用，而后更是发展出多个刀片并列使用的结构，如图2-33所示。

图2-32　理发店常用的手持折叠楔形剃须刀

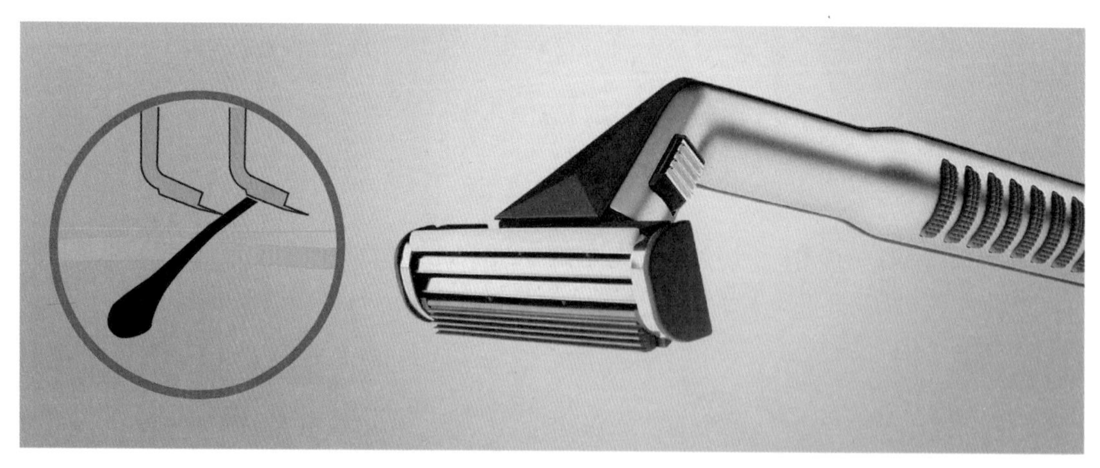

图2-33　双刀片刀头剃须原理结构图

电动剃须刀使用电机作为驱动器，外置光滑的刀片网罩，网罩的结构只允许突出的毛发进入，网罩下的刀片则可以快速将毛发切断，极大地提高了剃须的效率和安全可操作性，如图2-34所示。

图2-34　电动剃须刀网罩内结构图

从剃须刀的发展历史我们可以看到，工具的核心基本原理并没有改变，但是随着技术的发展和生产工艺的变革，人们逐步提高了工具的使用效率和安全性。万变不离其宗，如果不了解工具的基本原理，我们自然不知道如何在设计中灵活运用，这就容易导致在概念设计阶段产生不合理的设想，直至最终设计方案的不切实际和徒有其表。我们在进行产品创新之前只有了解其功能原理，才不会做出违反或削弱其原理的功能性创新；理解其原理的运行机制，还可以帮助设计师或工程师进行进一步的设计迭代或设计转化。

2.3.2　杠杆

杠杆原理，是由古希腊科学家阿基米德(Archimedes)在《论平面图形的平衡》一书中提出来的，“给我一个支点，我能撬起整个地球！”即为阿基米德对于杠杆原理的描述。

杠杆原理由三个要素构成，即支点、动力臂和阻力臂，如图2-35所示。支点，即杠杆绕着转动的点；动力臂，支点到使杠杆转动的力之间的距离；阻力臂，是支点到阻碍杠杆转动的力之间的距离。

杠杆原理的公式：动力×动力臂=阻力×阻力臂。

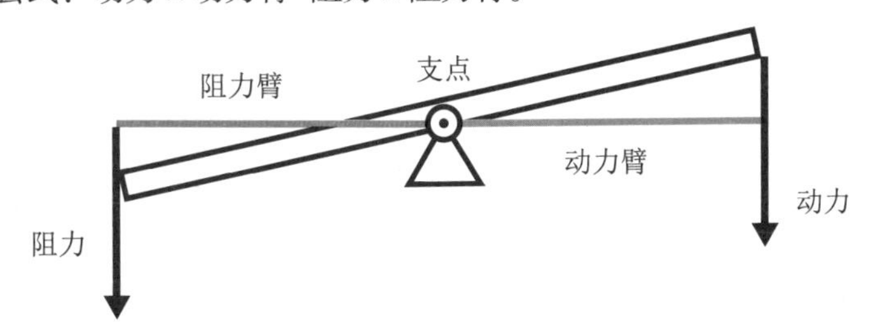

图2-35　杠杆原理

杠杆根据支点、施力点和负载点的不同，可以分为如下三种形式。

一级杠杆，支点在中间，施力点和负载点分别在支点两侧，如图2-36所示。

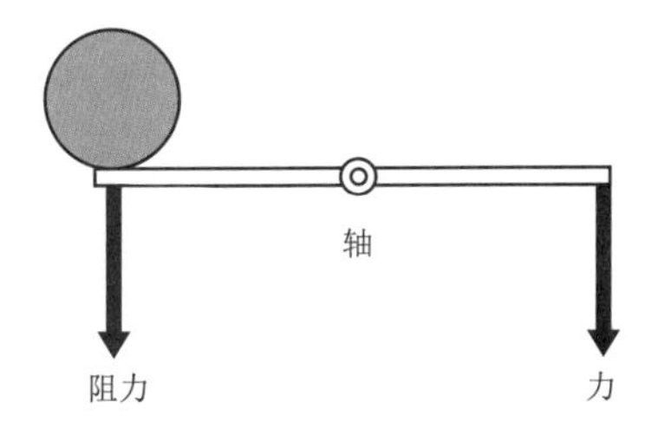

图2-36　一级杠杆原理

我们常见的跷跷板、天秤、杆秤等都属于一级杠杆，如图2-37所示。此外，人体的脊椎，作为支点支撑住头颅，颈部的肌肉在收缩时产生力量向头颅施力，可以改变头部的方向，这也是一级杠杆作用，如图2-38所示。

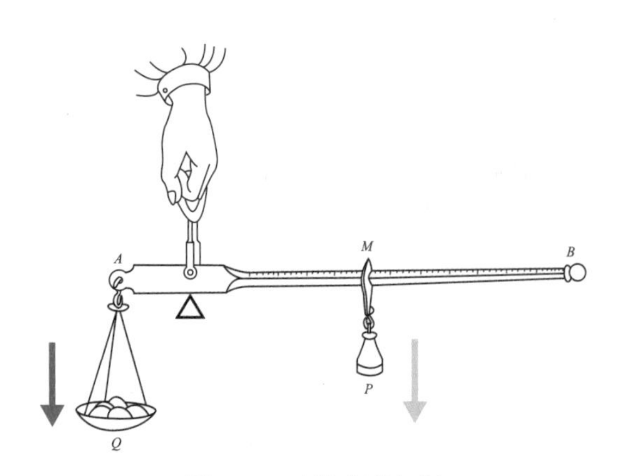

图2-37　一级杠杆的杆秤

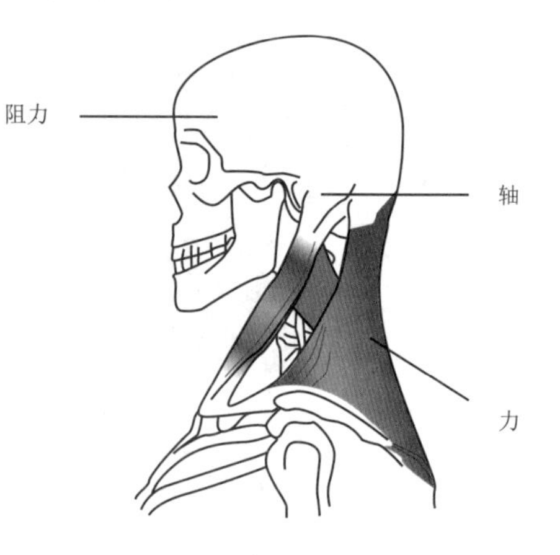

图2-38　一级杠杆的头部结构

二级杠杆，是在杠杆中间施加阻力，杠杆两边分别是支点和施加的力，如图2-39所示。

生活中常见的起钉器、手推车等属于二级杠杆，如图2-40所示。人体能将脚跟抬离地面也是靠二级杠杆，身体重量在中间作为阻力，前脚趾作为支点，根骨上和小腿上的肌肉在抬起脚跟时施加向上的力，如图2-41所示。

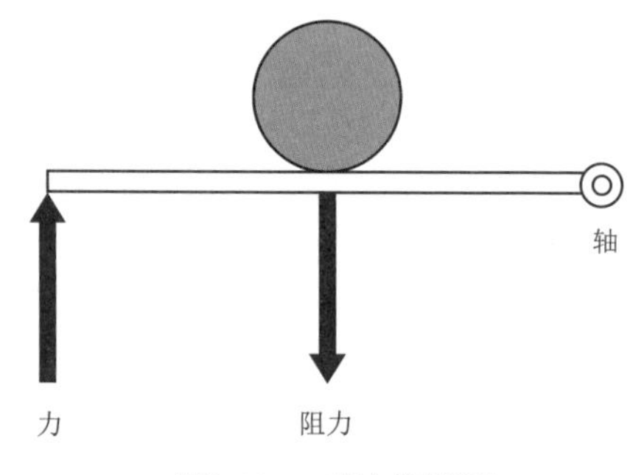

图2-39　二级杠杆原理

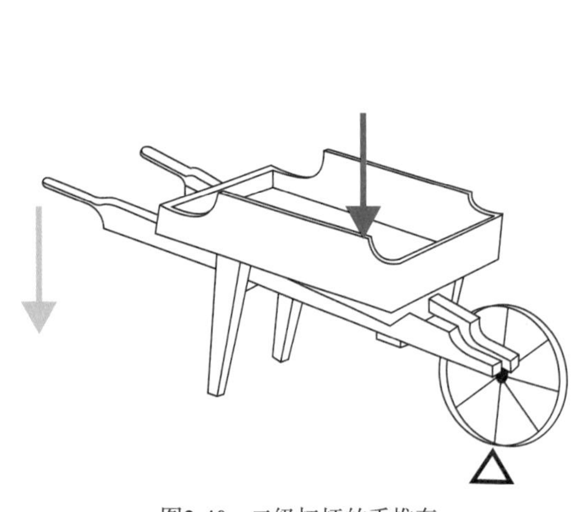
图2-40　二级杠杆的手推车

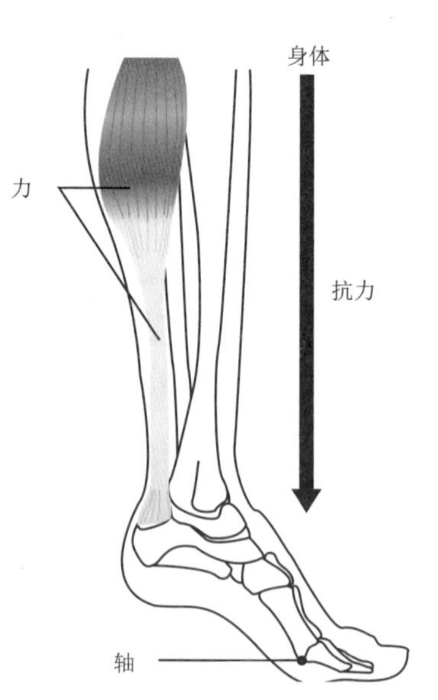

图2-41　二级杠杆的脚部结构

三级杠杆，支点和负载分别位于杠杆两端，施加的力则位于杠杆中间，如图2-42所示。

我们常用的锤子、钓鱼竿、钳子等都属于三级杠杆，如图2-43所示。人们每天用小臂举起或拿起重物，都是在使用三级杠杆原理，如图2-44所示。

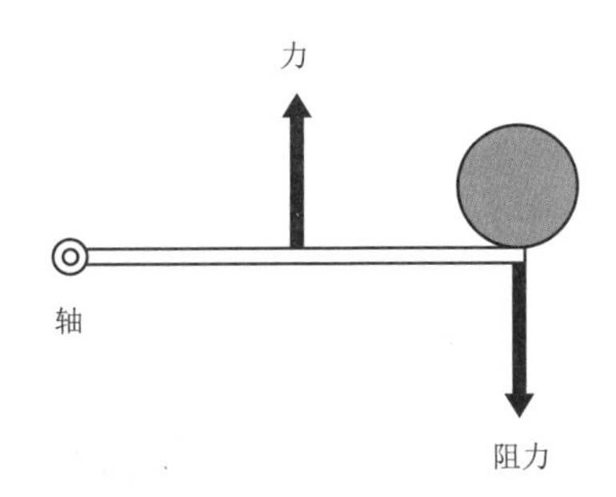

图2-42　三级杠杆原理

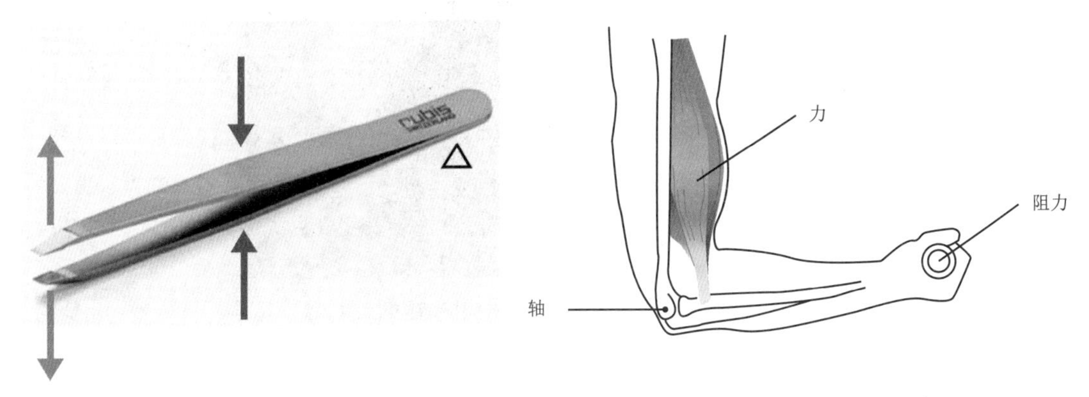

图2-43　三级杠杆的镊子

图2-44　三级杠杆的小臂

在产品设计中，可以合理灵活地运用杠杆原理进行结构创新，让产品更合理。例如，Assunta是一款专门为老年人开发的椅子，它巧妙地使用了杠杆原理，通过在椅子上添加脚杆，让使用者利用自身的体重作为施加力，如图2-45所示。通过简单的倾斜，使用者可以轻松地将自己的身体抬离座椅，如图2-46所示。

图2-45　Assunta椅子

图2-46　方便老年人起身的座椅结构设计

2.3.3　轮子和轮轴

另一个具有久远历史，并经常为我们日常所用的简单机械原理，就是轮子和轮轴。轮轴可视为是轮和轴的组合，二者一起旋转，力可以从轮传递到轴，也可以从轴传递到轮。古时用的起重辘轳就是典型的对轮轴原理的应用，如图2-47所示。我们日常使用的螺丝刀、门把手、水龙头、汽车方向盘等，也都是对轮轴原理的应用。

轮轴的施力和负载原理本质就是一个一级杠杆原理，杠杆的支点就是轮轴的中心，支点到轮子外侧为施力臂，而支点到轮轴外侧则为受力臂，是一个围绕固定的点旋转的杠杆，如图2-48所示。

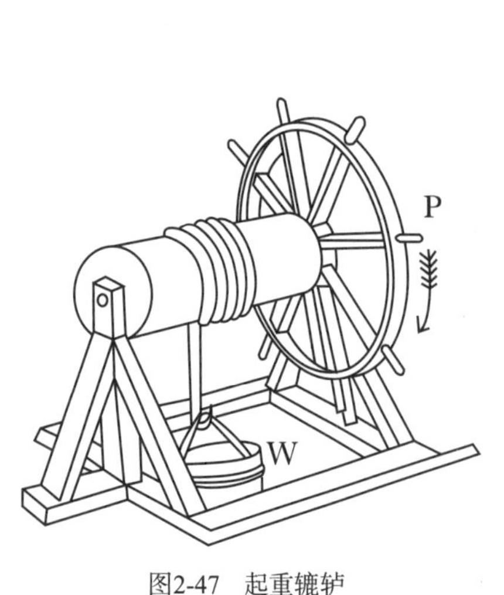

图2-47　起重辘轳

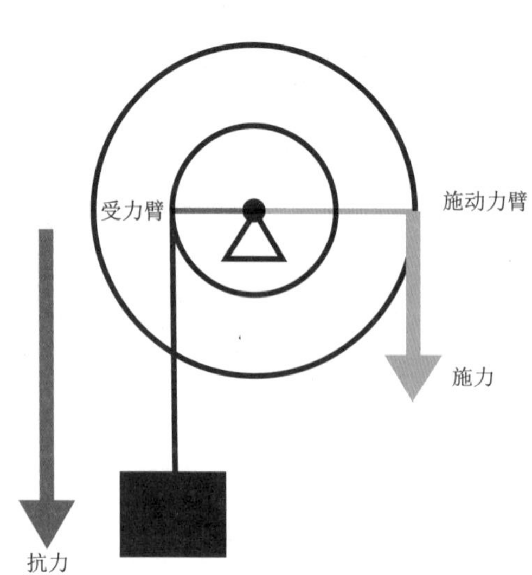

图2-48　轮轴杠杆受力分析

轮轴中的杠杆原理，不仅可以使用在大型机械上，还可以应用于与人密切接触的小产品中。例如，卵石开瓶器是法国设计师艾瑞克•烈威(Arik Levy)专为老人和儿童设计的，它的内凹部分有多条径向压力线，用以固定住瓶盖，利用轮轴原理，将外圆设计为符合手型抓握的卵石形态，利用杠杆原理就能够以很小的力开启瓶盖，如图2-49所示。

图2-49　卵石开瓶器

轮轴原理不仅可应用于工具设计，提升我们的工作效率，还可以通过逆向思考成为艺术创作的灵感来源。日本建筑设计师坂茂设计的方形芯卷纸筒，就是一个“反”轮轴原理的设计，如图2-50所示。通过改变圆轴的结构为四角形，造成卫生纸在抽取时的阻力，以这个小小的结构变化引发使用者对于节省材料和资源的思考。

图2-50　方形芯卷纸筒

2019年，荷兰服装设计师艾里斯·范·荷本(Iris Van Herpen)在其名为“催眠”的服装秀里，将秀场中央和部分模特身上都安装了运用轮轴原理制作的动态雕塑，如图2-51所示。电动的轮轴装置由铝和不锈钢制成，辅以螺旋形骨架，开启后形成空气流动的飘逸感，也呼应了设计师对于生态、海洋与陆地共生的设计理念。

图2-51　服装秀场景设计

2.4　流体力学基本原理

流体力学是力学的一个分支，主要研究流体的静止状态和运动状态，以及流体和固体界壁之间相对运动时的相互作用和流动的规律。流体即能流动的物体，是受到任何微小剪切力的作用都会连续变形的物体，具有易流动性、可压缩性和黏性等特点。流体力学的物理学基础是牛顿运动定律和质量守恒定律，以及热力学和宏观电动力学，主要研究对象是液体和气体。

1738年，瑞士著名科学家丹尼尔·伯努利(Daniel Bernoulli)的著作《水动力学》出版，奠定了流体力学的基础。他提出了著名的伯努利原理，即满足定常流的无黏流体，在不可压缩和同一流线的前提下，速度快的地方压力低。

流体力学是数学与物理的完美结合，在艺术和设计领域也无处不在，如梵高的画作《星空》，如图2-52所示。2008年，墨西哥国立自治大学的研究员以《梵高激情画作中的湍流亮度》的论文进行流体力学分析，并得出画作中亮度波动统计数据和亚音速湍流模型分布符合的结论。2019年澳大利亚的研究员，又通过不可压缩湍流所创建的模型分析《星空》，结果证明画作中的漩涡具有与超音速湍流相同的尺寸和行为。

图2-52　梵高的《星空》

流体力学看似抽象高深，却与我们的日常生活密不可分，在产品设计领域，大到船舶、飞机、汽车，小到日常用品中的马桶、电热水壶、吹风机，都要基于流体力学的基本原理进行设计。

2.4.1　汽车和风洞试验

汽车在高速行驶时，会和空气产生摩擦继而产生阻力。早期的汽车速度不快，所以对于外观结构没有过多的要求，而现代工业化批量生产的汽车则需要在尽量降低车量油耗的同时保持高速行驶的稳定性，这就需要车辆有一个合理的风阻系数。设计师和工程师需要通过设计来尽量降低车本身的阻力系数，而这个系数的测试可以通过一项实验获得，就是“风洞试验”，如图2-53所示。通过风扇制造流动的空气，经由人造隧道吹出，流过受检验的车身以挥发性气体如酒精直观演示气体流动，最后用电脑将数据记录下来，从而进行进一步的改进和优化。

图2-53　风洞试验

这里除了我们上面提到过的伯努利原理，还运用了边界层吸附效应，即平顺流动的流体经过具有一定弯度的凸起表面的时候，流体形态有向凸起表面吸附的趋向。比如当我们的手指碰到水柱，水会沿着手指弯曲的表面流动到手指下部。在设计飞行器时，利用该效应，可以诱导空气气流在机翼表面产生比飞机和空气相对速度更大的气流速度，从而提高升力。汽车前部迎风面积采用的流线型设计，就是为了减少阻力和降低风阻，从而减少空气气流对车身产生的阻力，如图2-54所示。

图2-54　汽车前部流线型设计

2.4.2　吸尘器和无叶风扇

吸尘器的工作原理是根据伯努利原理，利用真空产生吸力。接通电源的吸尘器电动机高速驱动风机叶轮旋转，旋转的叶片让结构空腔中的空气以极高的速度排出风机，使吸尘器内部形成真空。与此同时，风机前端吸尘部分的空气因负压差源源不断补充到风机中，在负压差作用下，灰尘和杂物也通过吸尘器入口进入滤尘袋，如图2-55所示。真空吸尘器用强力电泵将空气吸入软管，然后通过布袋将灰尘过滤，这种尘袋式吸尘器成为吸尘器工作原理的主流方式。

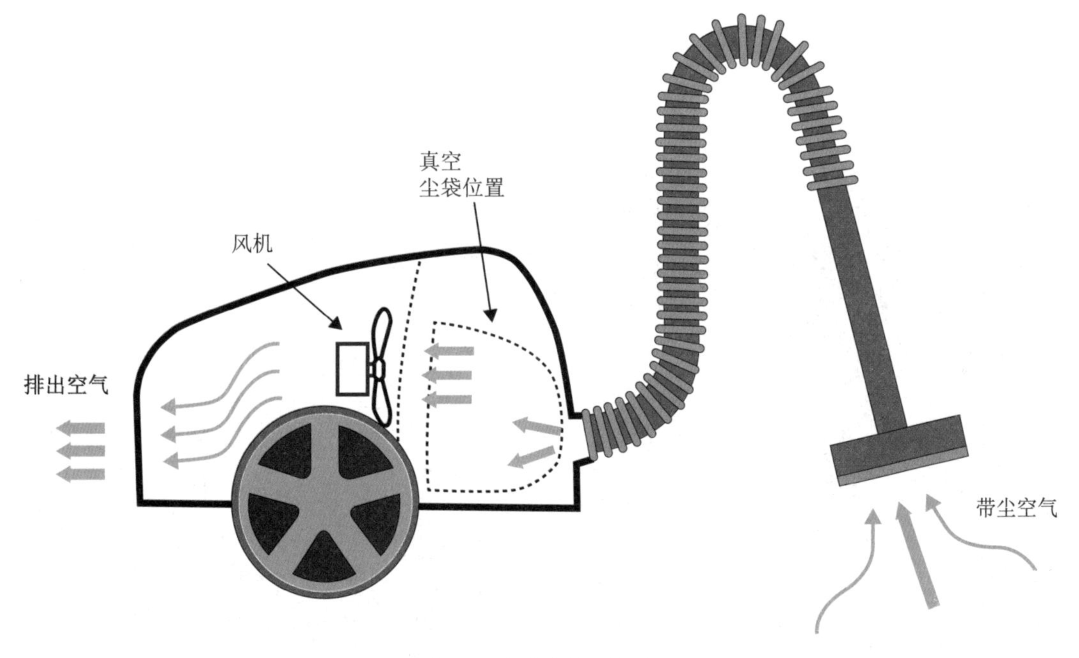

图2-55　尘袋式吸尘器原理

1978年，英国设计师詹姆斯•戴森(James Dyson)在工业锯木厂获得灵感，将气旋技术应用于吸尘器，设计出了气旋真空吸尘器。传统的尘袋式吸尘器在长时间使用后，因尘袋内灰尘增多影响排风，进而造成吸力下降，尘袋也需要清洗或更换。而气旋式吸尘器最大的优势就是解决了上述两个问题。气旋原理的核心是离心力，通过离心力甩掉质量大的灰尘，再通过改变滤网孔径分离细小灰尘，如图2-56所示。2002年戴森的工程师团队又研发出了多圆锥气旋分离结构，使用更少的能耗分离更多的灰尘。2011年又推出了两层锥体的分布结构。2013年迭代出微震气旋分离技术，将气旋分离器的叶片末端迭代为柔性状态，可以使高频振荡的叶片不会聚集灰尘。

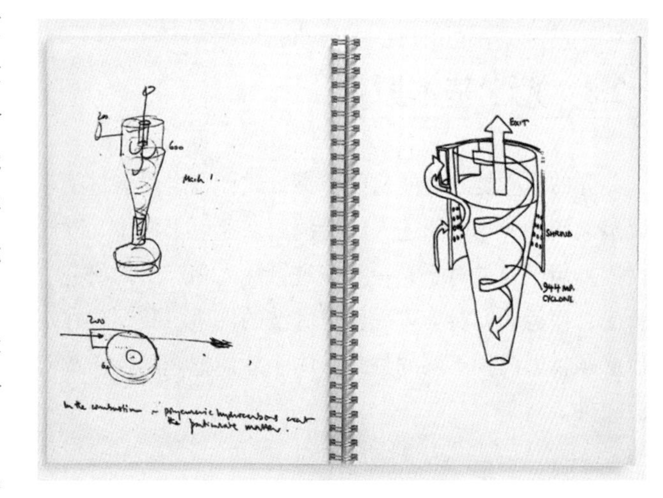

图2-56　气旋式吸尘器原理图

戴森的设计师团队中很多人都是流体力学专家，2009年戴森提出的无叶风扇就是基于流体力学所做的结构创新。传统的风扇叶片是将空气切向各个方向，从叶片吹过来的空气气流为湍流。而无叶风扇将涡轮叶片和电动机隐藏在圆柱基座内，机器运行时，从吸气孔吸入空气进行增压，高压空气被挤入上部圆环中空部分，并从圆环边缘缝隙高速流出，如图2-57所示。因为它吹出的风量远远高于吸入的风量，因此也被称为“空气倍增器”。圆环内圈表面被设计成类似于机翼的形状，形成一定倾角。基于机翼产生升力的原理，在一定的角度范围内，倾角越大，内圈靠近后端处会产生更大的负压。因此，在内圈轴向上出现了压强差，驱使后部气流进入圆环内增加了出风量。流出圆环的气流又因为流体“黏性原理”夹带更多的空气，进一步增加出风量，而根据这个原理吹出的风在直观感受上也更为平稳和连续。这样的结构，除了解决出风量和舒适度的问题，也由于叶片隐藏而更加安全。

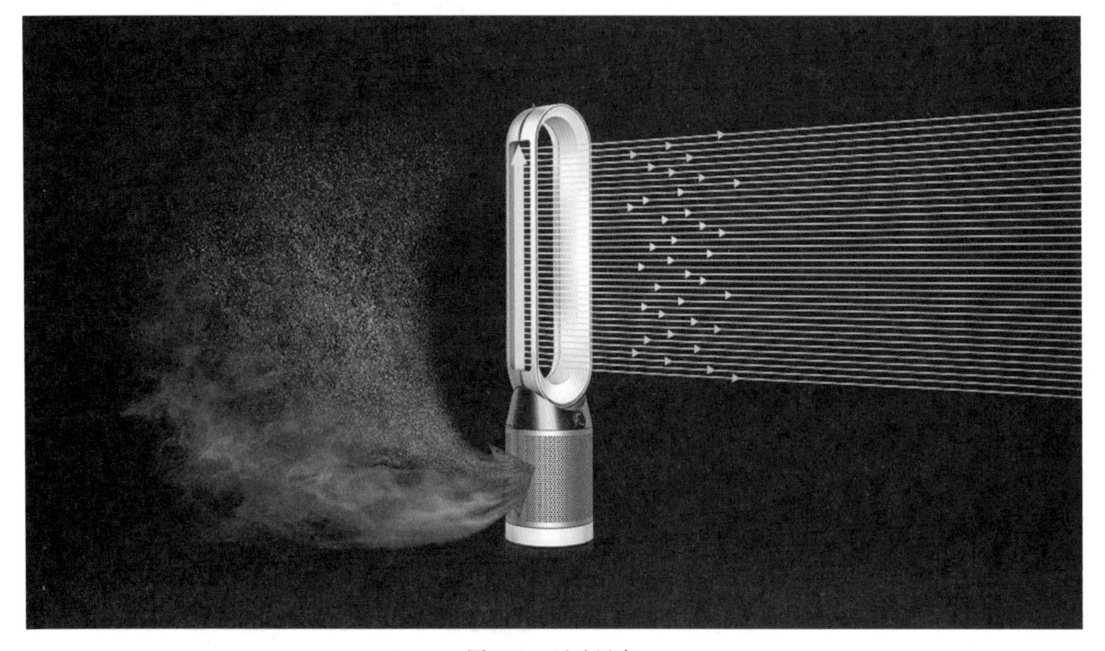

图2-57　无叶风扇

2.5　光学基本原理

光的本质是一种能量的传播方式，是电磁能量的一种。人类对于光的认知、使用和研究可以追溯到3000年前亚述人的透镜。从亚里士多德、欧几里德、海什木到现代科学巨匠普朗克和爱因斯坦，人类对于光一直在进行深入和广泛的研究。光的能量借由光子束来传递，属于粒子行为，而运动和行为方式则遵循波的性质。我们现在对于光的认识还不能形成完整的概念，所以必须借助两种不同的物理学体系才能把光的性质相对准确地描述出来，这也被称作光的波粒二象性。

光和物质之间的交互包括：反射、折射、散射、吸收和放光。

光的反射定律(见图2-58)：入射角等于反射角；入射光线、反射光线、反射的法线三个线构成一个入射平面，即“三线共面，两线分居，两角相等”。

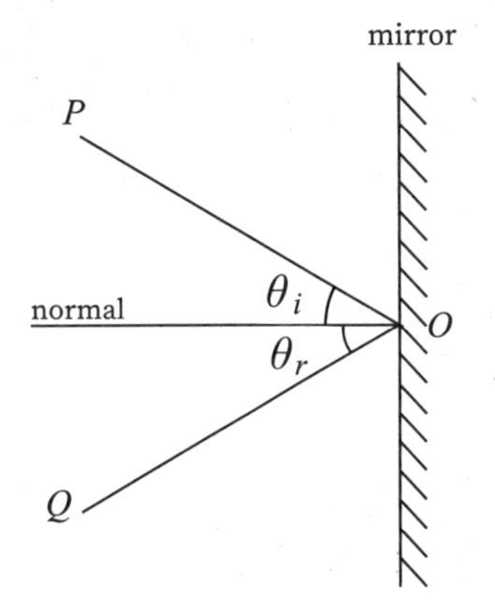

图2-58　光的反射定律

光的折射定律(见图2-59)：当光波从一种介质传播到另一种具有不同折射率的介质时，会发生折射现象。入射角和折射角的关系，可用公式表示为

$$n_1 \sin\theta_1 = n_2 \sin\theta_2$$

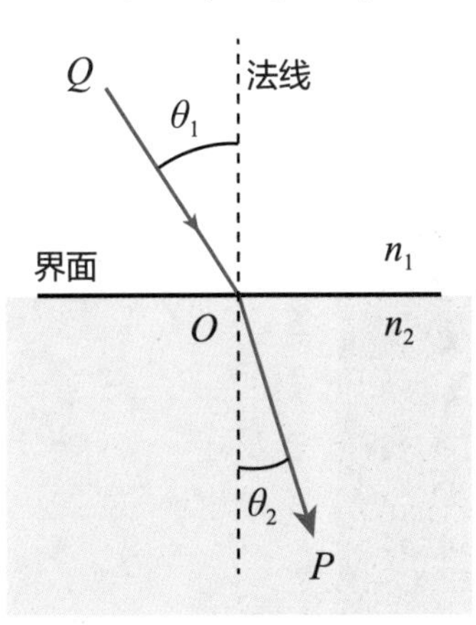

图2-59　光的折射定律

折射率是光速在介质中改变的比率，不同的波长会有不同的折射率。光由空气进入介质中，光的波长越长，频率越小，折射率越小，光的速度越大；光的频率越高，在介质中的折射率越大。这个原理在物理世界中最经典的实验就是玻璃棱镜色散，如图2-60所示。因为折射率与光的频率有关，混合着各种频率的白光进入棱镜时，不同频率受到了不同程度的偏折。蓝色光的减速比红光多，因此偏折得也比红光多。

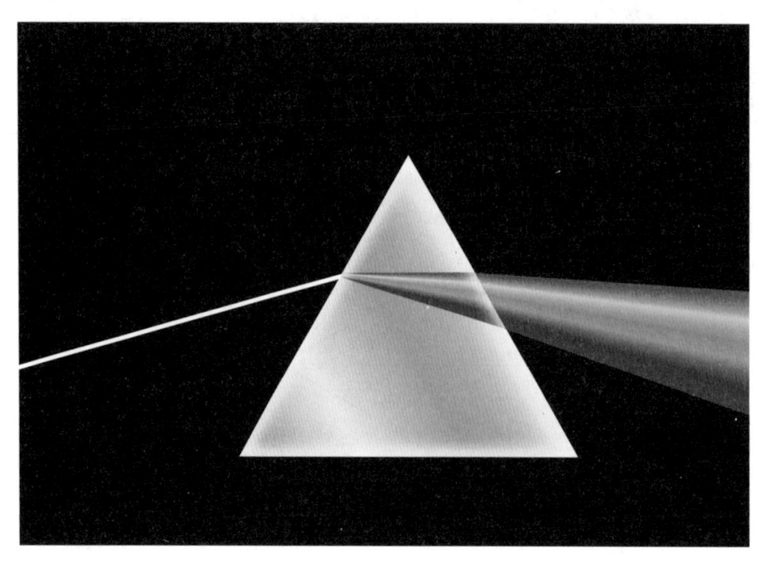

图2-60　棱镜色散

PH灯具系列无疑是灯具设计中的经典，这套灯具之所以经久不衰，是因为设计师充分运用了光学的原理，用同轴心遮板结构来辐射炫光，如图2-61所示。PH灯具如同松果般层层相叠的结构遮挡了直接从光源发出的强光，创造了柔和的反射光和阴影。它的广告语“光线造型”，即反映了设计师这一创作理念。灯具的结构和材质都是围绕光的原理和性质来进行设计，所有的光线都必须经过一次反射才能到达被照表面，从而避免了清晰的阴影，获得柔和的照明效果。PH灯也被视为设计史上艺术与科学完美结合的经典案例。

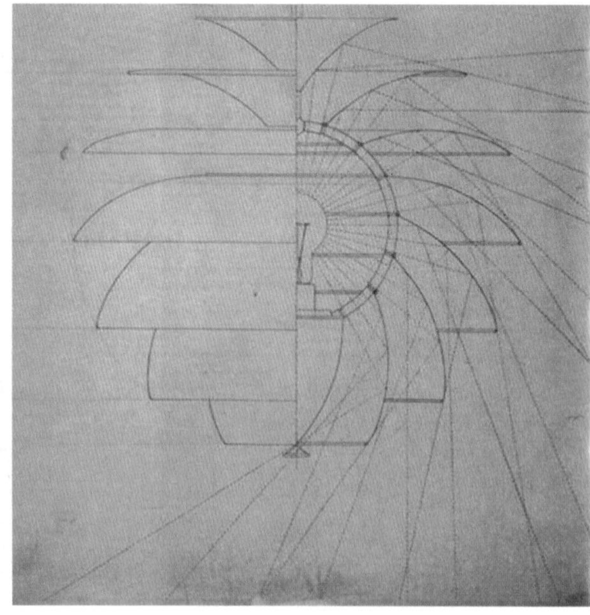

图2-61　PH灯

阅读完本章，请思考回答以下问题

1. 为什么柜体不和墙面固定会造成倾倒?
2. 法国巴黎蓬皮杜中心的建筑大量采用了哪种结构?
3. 简单介绍一下悬臂结构，有哪些产品运用了悬臂结构原理?
4. 简单机械包括哪几种机械结构?
5. 介绍一下拉链中如何运用了楔子结构?
6. 人体中有哪些杠杆原理?
7. 吸尘器是如何运用空气动力学工作的?

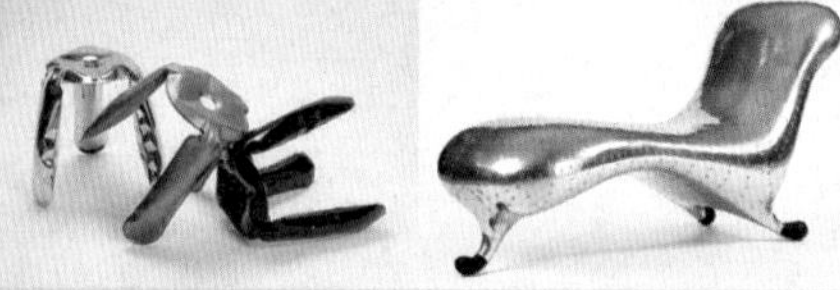

第3章

结构元素在产品设计中的应用

主要内容：从几何的层面介绍结构设计中的多面体、杆件、壳结构、膜结构，以及拓扑优化在结构设计中的应用。

教学目标：通过学习本章知识，使读者从几何的层面对结构进行理解和应用。

学习要点：多面体和产品结构，固定的杆件和运动的杆件，面的折叠结构，曲面，拓扑优化和产品设计。

Product Design

3.1 结构元素与自然规律的关系

我们在进行产品的结构创新时会受到所在环境中各因素的影响，如灵感往往来自自然中的结构，设计原则要符合自然规律，遵循地球上的物理原则，适应地球上引力和重力的要求。自然界中的结构，比如树木，通过张力、压力、扭转、剪力和弯曲应力这五种力的作用，遵循“用最少的材料打造最大的强度”原则，塑造出了自己的结构形式。人工设计创造的结构也不例外，“好”的结构只有一个本质性的目的，就是用最小的成本获得最大的效益。

在人类文明史中，一些杰出的设计师(大多是建筑师)很早就开始对结构进行创新实践，比如西班牙设计师安东尼奥•高迪(Antonio Gaudi)，德国建筑师弗雷•奥托(Frei Otto)，他们从自然界寻找灵感，给建造物设计出符合环境规律的“生长”式结构。也有如理查德•巴斯敏斯特•富勒(Richard Buckminster Fuller)的天才设计师，以自己独特的世界观，借由设计对人类的未来处境进行阐述。富勒认为“正四面体是宇宙最小的单位，多面体向极限扩展就是球体，宇宙作为物理结构或者化学结构都可以还原到四面体和球体，其自身即由正四面体构成的球体。”他以这个理念为依据设计了“网球格顶”结构，并将此结构运用于1967年加拿大蒙特利尔世界博览会的美国馆，如图3-1所示。这个被称为“富勒球”的圆顶建筑具有造价低、建造快等优点，还能更有效地利用材料，避免了无谓的浪费。

图3-1　加拿大蒙特利尔世界博览会美国馆

富勒的理念与简单的仿生不同，他说“我不是在模仿自然，而是尝试了解它的运行规则。”有意思的是，富勒用六边形和少量五边形构造的这一结构，启发了罗伯特•柯尔(Robert Curl)、哈罗德•克罗托(Harold Kroto)、理查德•斯莫利(Richard Smalley)这三位化学家，他们发现了由60个碳原子组成的大型纯碳分子结构，这一分子结构具有无比稳定的特性，如图3-2所示。1996年，三位化学家因这一发现而获得诺贝尔化学奖，出于对富勒的纪念，他们将该碳分子结构命名为富勒烯。

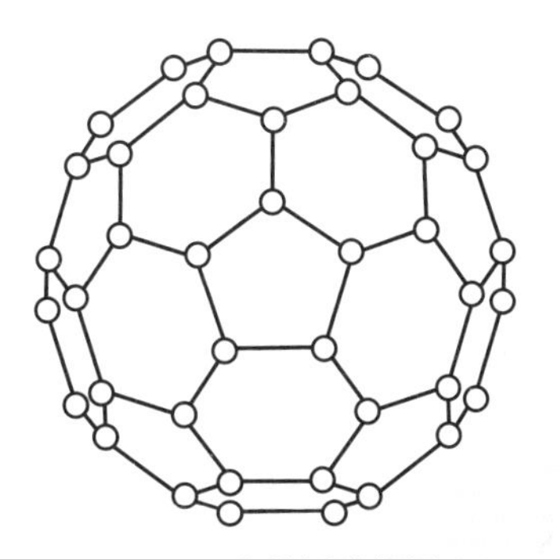

图3-2　富勒烯结构图

不论是古代还是现代，对于设计的理解一直以来都是基于简单元素的构成。本章我们就从几何体开始，从基础的结构元素来重新认知人造产品的结构。

3.2　多面体结构及应用

现在考古出土的新石器时期的陶器上刻画的几何图案，证实了人类几何知识的萌芽早于书写文字的发明。

古希腊哲学家柏拉图在其作品《泰阿泰德》中提出了关于几何学的创新，其中包括他发现总结的规则立体。在《蒂迈欧篇》中，柏拉图用正多面体解释原子结构，尝试将数学几何引入天文学。此后，柏拉图及其追随者对这些结构进行研究，并总结形成了柏拉图多面体。柏拉图多面体的立体原型是自然界中的晶体和生物体，如微观分子结构、放射虫的骨骼中也都有体现；人造物世界中，我们熟悉的足球、骰子等产品，也都是柏拉图立体及其变体。

正多面体(柏拉图立体)在多面体中是特殊的存在，它在我们的三维空间中有且只有五种，如图3-3所示。这五种正多面体满足三个基本条件：所有的面都是规则的多边形；每个面都是同样的正多边形；每个顶点的情况相同(顶角相同，各棱边相同)。

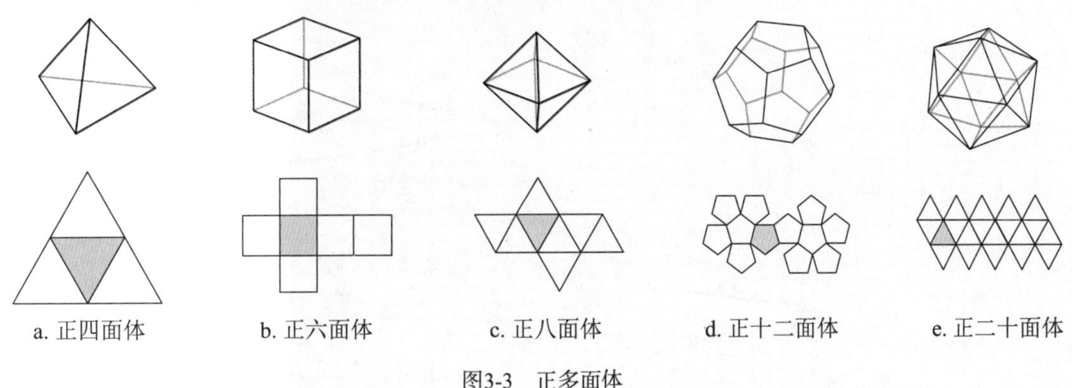

图3-3　正多面体

1. 正四面体及产品设计

在正多面体中，正四面体是最简单的，是由4个全等正三角形围成的空间封闭图形。它的所有棱长都相等，有6条棱，4个面，4个顶点，如图3-4所示。19世纪美国著名发明家、设计师富勒认为，“宇宙中的一切结构都是由这种基本结构单元正四面体所构成”。

正四面体是三角形的立体形式，我们在人造物中可以发现众多这样的三角形关系。如果对称缩短正四面体一条棱长，就可以创建一个具有刚性的自行车架结构，如图3-5所示。如果将四面体拆分成相等的两个对称角，就可以得到如书挡等相应的结构应用，如图3-6所示。

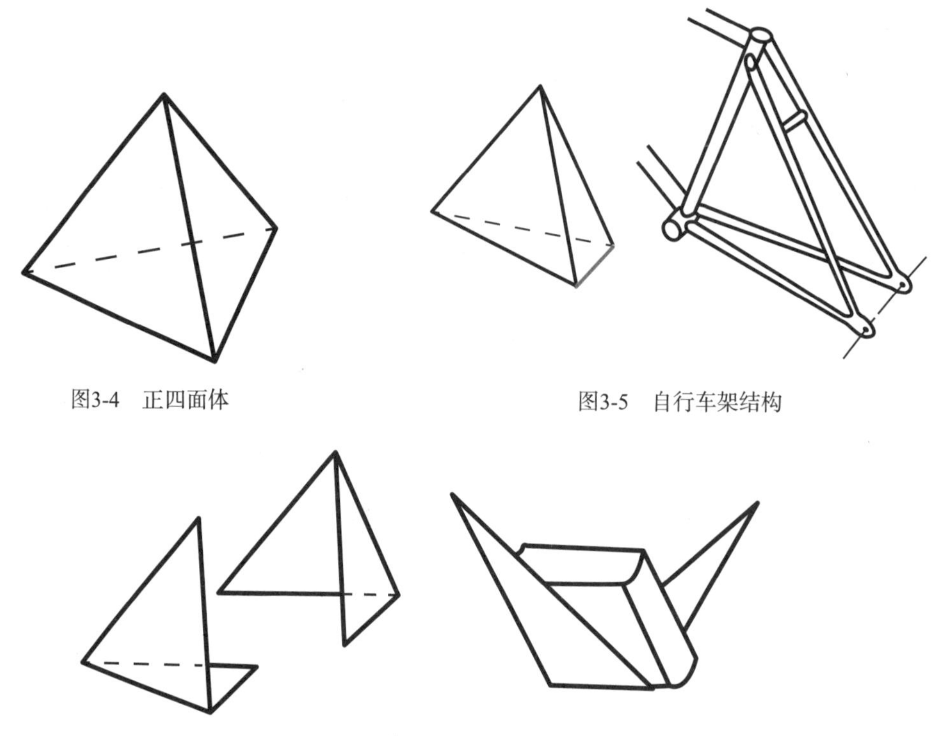

图3-4　正四面体

图3-5　自行车架结构

图3-6　四面体拆分结构和书挡

意大利设计团队Edizioni Design将两个四面体结合，使用两个大小不等的四面体设计了吊灯的结构，如图3-7所示。这样运用正四面体及其变体的案例在产品设计中还有很多，如意大利家具品牌Listone Giordano设计的台桌，如图3-8所示。

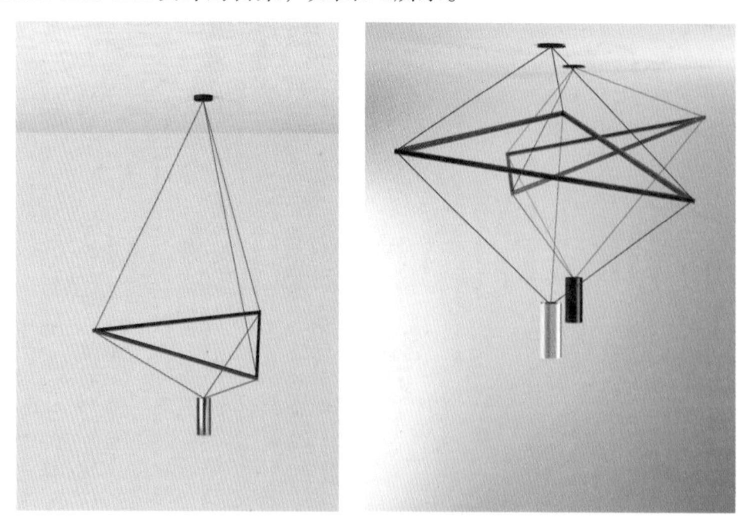

图3-7　四面体吊灯结构设计

图3-8　四面体台桌结构设计

2. 正六面体及产品设计

正六面体也就是我们常说的正方体，也称立方体。正六面体是由6个大小相等的正方形面组成的正多面体，包含12条边和8个顶点，如图3-9所示。六面体作为基本的封闭空间图形，结构上拥有平衡性和稳定性的特点，在人造物中很常见，如图3-10所示的魔方凳子。

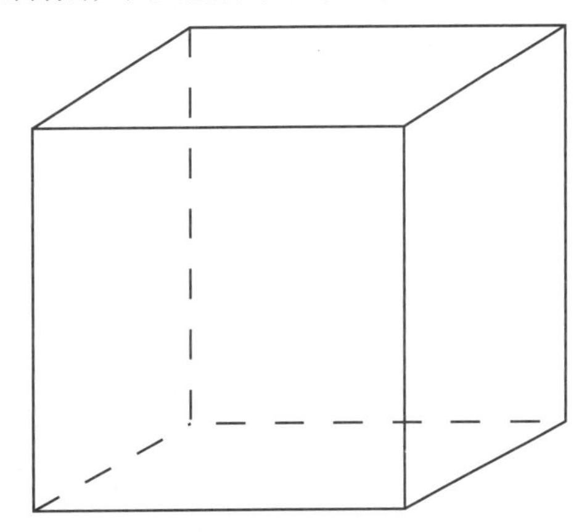

图3-9　正六面体

图3-10　魔方凳子

3. 正八面体及产品设计

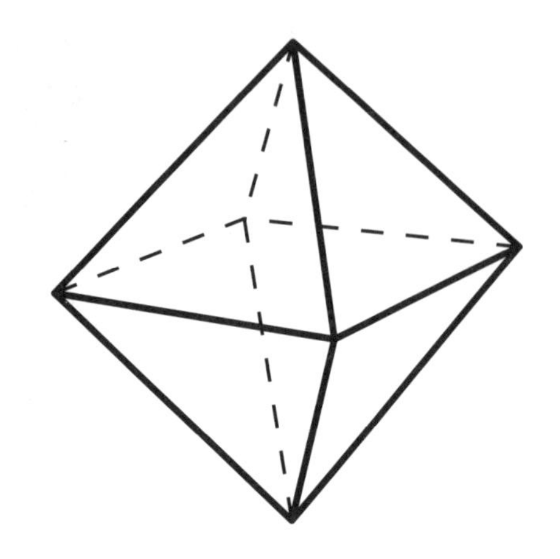
图3-11　正八面体

由8个面组成的多面体就是八面体，如果由8个全等的正三角形组成则为正八面体，如图3-11所示。作为一种正轴体的正八面体，共由8个正三角形的面组成，正八面体中的所有对角面都为正方形。

正八面体是八面体中顶点和边数最少的多面体，有6个顶点和12条边。还有一些八面体可能有甚至超过12个顶点和18条边，常见的如六角柱、七角锥及截角四面体等，如图3-12所示。

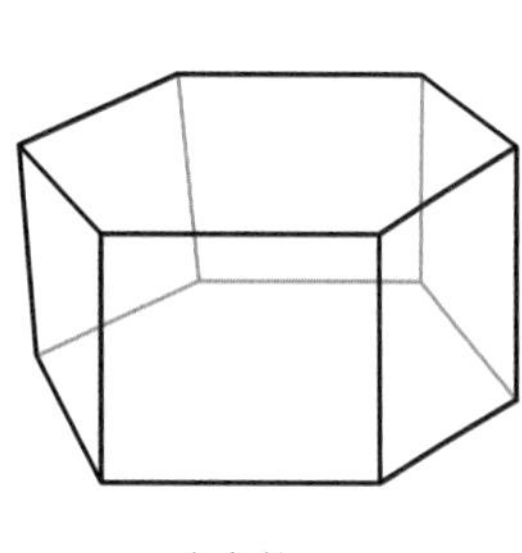
六角柱

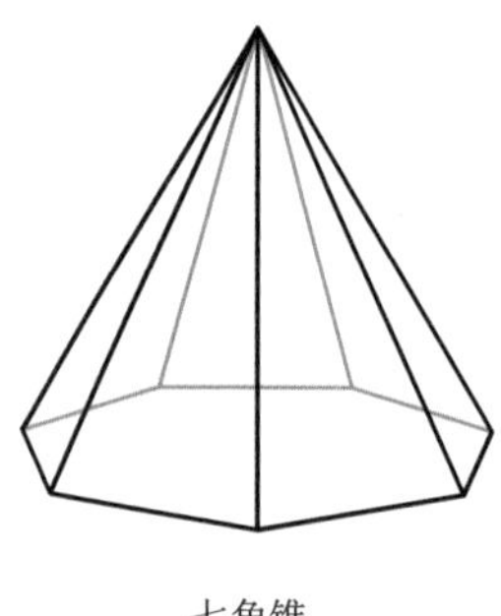
七角锥

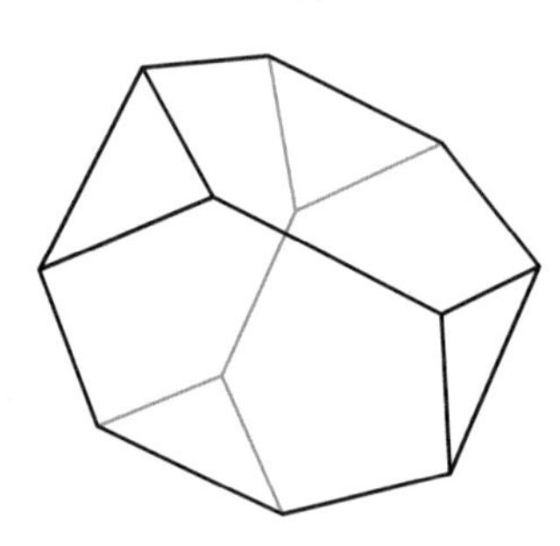
截角四面体

图3-12　其他八面体

由三角形组成的八面体与正八面体不同的是，它可放置于水平面上，如图3-13所示。将它上下面顶点交叉相连，其内部连线可以让我们得到一个折叠钓鱼凳的基本结构，如图3-14所示。

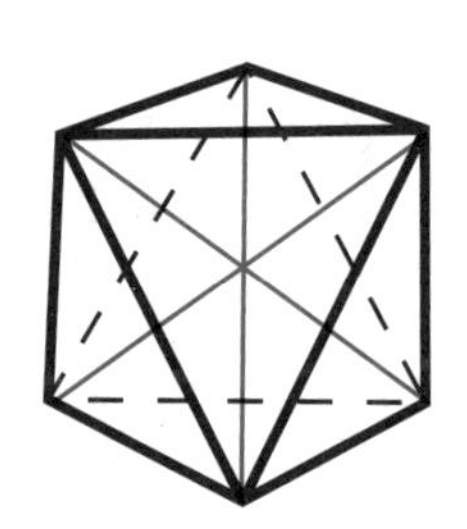
图3-13　八面体

图3-14　折叠钓鱼凳的基本结构

4. 正十二面体及产品设计

由12个正五边形可组成的正多面体是正十二面体，它具有20个顶点，30条棱和160条对角线，如图3-15所示。我们可以把正十二面体从中间的折线分解成两个相等的六面体。在一些日常用品中，我们也经常能看到正十二面体的一些变体，如十二面体花瓶设计，如图3-16所示。

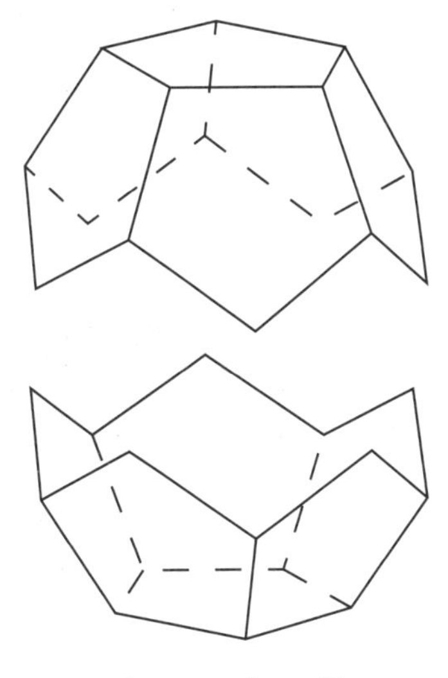

图3-15　正十二面体

图3-16　十二面体花瓶设计

5. 正二十面体及产品设计

正多面体中，面数最多的是正二十面体，它由20个等边三角形构成，包含12个顶点，30条棱和20个面，如图3-17所示。在自然界，如疱疹病毒就拥有正二十面体的衣壳。在产品设计中，正二十面体几何框架可根据不同的设计需求，配合不同的灯罩表面，所得出的光线强度和视觉效果截然不同。不做镂空处理的面类几何灯具，光影效果为面光源，产生的光线柔和自然，如图3-18所示。同样的几何框架做镂空处理后，则能产生更富于变化的光影效果，如图3-19所示。

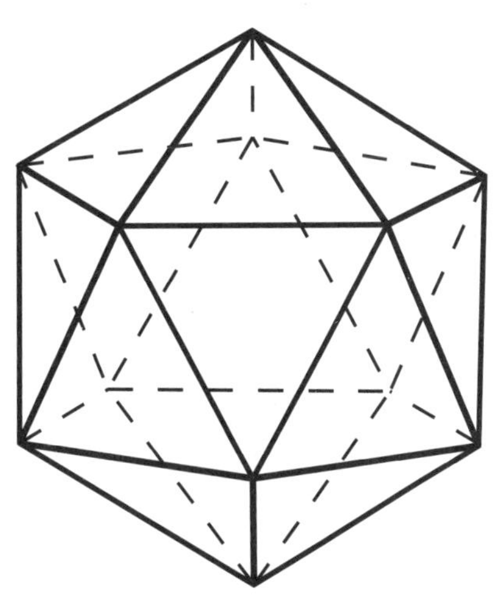

图3-17　正二十面体

图3-18　正二十面体灯具

图3-19　正二十面体镂空灯具

柏拉图多面体不管是对于科学探索，还是让我们通过几何的方式理解空间结构，都有至关重要的意义。欧几里得受到柏拉图思想体系的影响，创作出影响后人的《几何原本》。它的意义不仅在于将新的严格标准引入了数学推理，更在于朝着数学几何化的决定性进步，确保了数学应该由几何形式的证明主导。

几何原理是经过长期推导和验证的，设计也是如此，通过直观的感受、逻辑的推演和验证过程，才能形成有据可循的设计结果。规则的柏拉图多面体经常在模块化设计领域与设计相融合，基于模块化的产品，具有零部件磨损小和更易再制造的特点，具有快速响应客户个性化需求的特点。规则的几何形态满足模块化的要求，让产品结构在数学和理性的原则下，体现感性之美。

3.3　杆件的结构及应用

以正多面体为基础，可以发展出多种基本结构元素，这些元素相互组合、连接，从而构成满足不同功能要求的完整结构。其中，杆件就是一种典型的结构元素。

3.3.1　杆件和网格

在结构力学领域，杆件的基本特征为“它的长度远大于其他两个方向的尺度——截面的宽度和高度，杆件结构便是由若干这种杆件所组成。”

在三维空间中的杆件，单从形式上看可以具有不同长度和厚度的尺寸，它的边界可以延伸、扭转和流动，有千变万化的组合方式，这些特质增加了杆件具有丰富美感的可能性，如图3-20所示。

在结构设计中，杆件则作为最基本的结构元素之一。在设计中根据结构需求，可将杆件局部进行阶段性变化处理(扭转、变形、延伸)，可形成新截面和连接方式，如图3-21所示。例如，杆件可通过变形延伸为连接件，如图3-22所示；也可通过附加的可拆卸件连接，如图3-23所示。

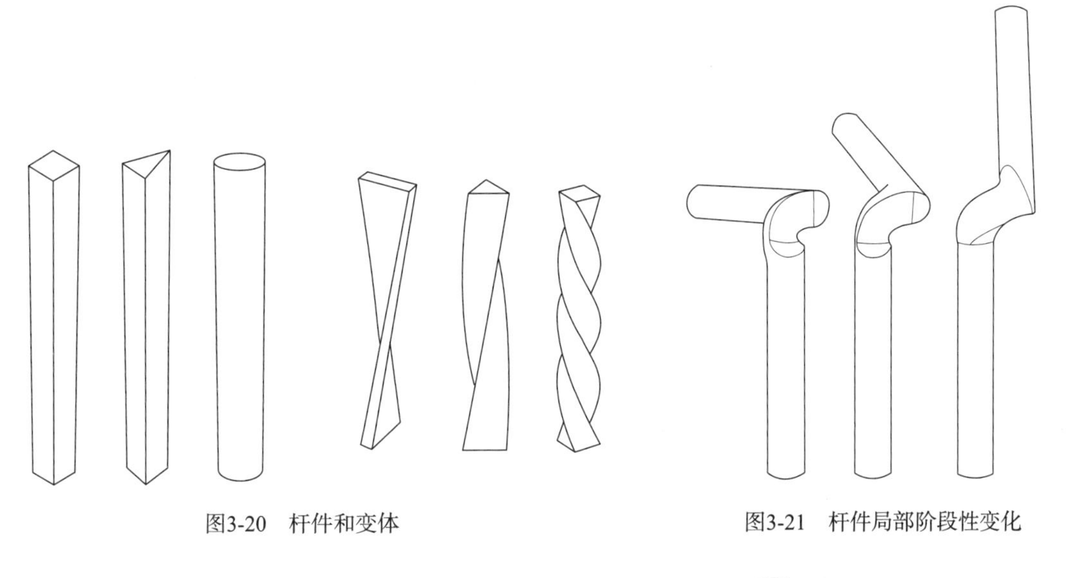

图3-20　杆件和变体　　　　图3-21　杆件局部阶段性变化

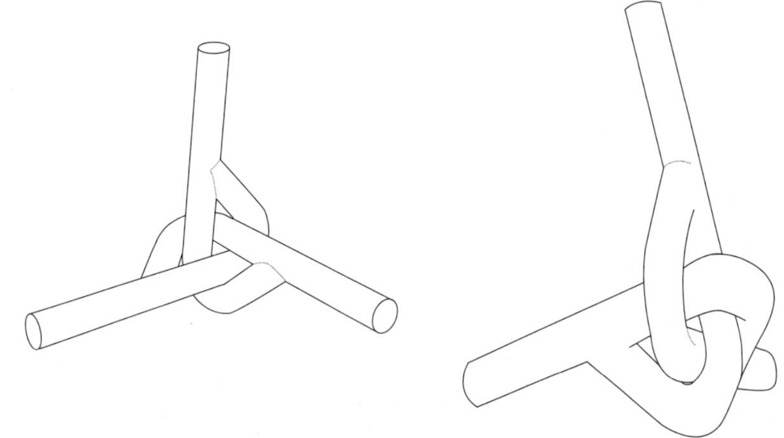

图3-22　杆件延伸为连接件

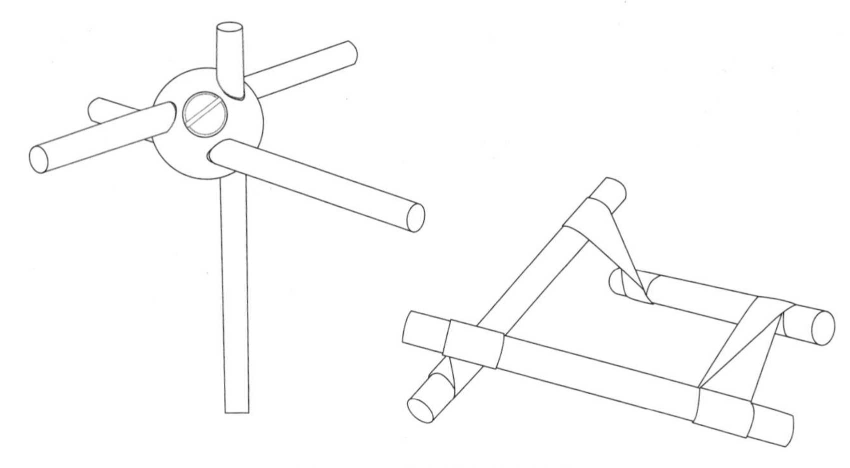

图3-23　杆件和可拆卸件连接

通常情况下，根据几何原理由杆件可组成二维或三维形态的结构——网格。网格与多面体，以及多面体变体或拼接的多面体之间存在明显的联系：可以把网格看成多面体的边缘线，杆件则对应多面体的边和角，如图3-24所示。

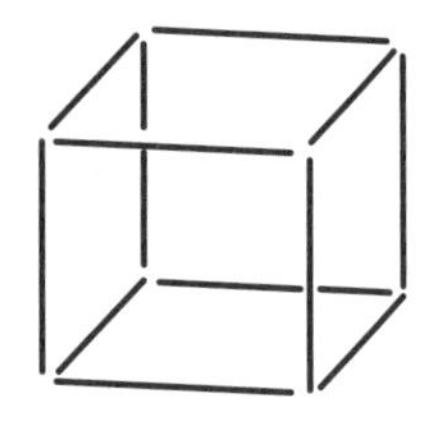
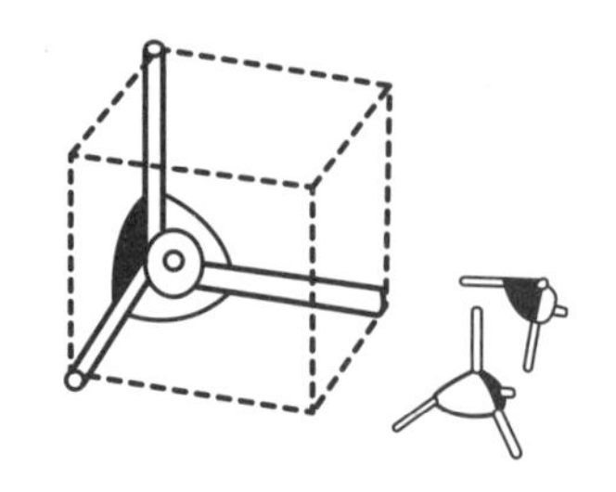
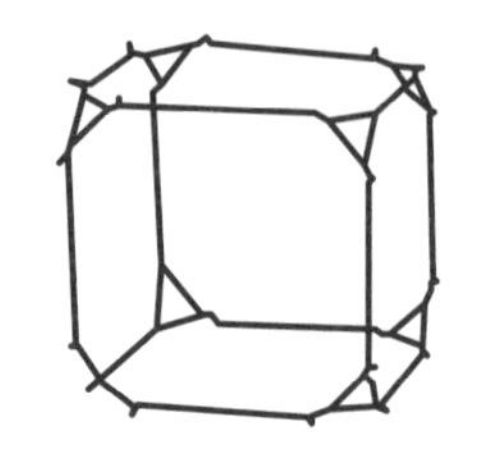

图3-24 网格和六面体

二维网格结构通常对应规则的二维图形，它一般是由几何图形在相同距离的重复平行位移产生的。二维网格的铺装规则可以被看作是三维结构的基础底层结构，它们都具有相似的模块化性质和规律性。在建筑领域，这种可以在工厂中进行大量生产、在施工场地进行单纯组装作业的结构，被称为空间网架。《建筑结构的奥秘》一书中，对于空间网架的定义为“将粗细基本相同的许多杆件通过组装形成的立体结构。由于多根杆件需要立体组装，并交汇于一点，多采用被称为节点的连接件。”这种结构在很多建筑上得以应用，如大英博物馆的大中庭玻璃屋顶，如图3-25所示。

图3-25 大英博物馆的大中庭玻璃屋顶

空间网架结构在产品领域应用的例子也并不少见。1993年，由德国系统设计师布克・耐特(Burkhardt Leitner)创立的模块化展示空间品牌Burkhardt Leitner，主要设计由模块化杆件和杆件连接结构组成的模块化产品，如图3-26所示。该品牌产品以其精巧的结构设计、合理的价格和便捷的安装著名，其中可力克(clic)系列产品较为典型，这个系列的产品有一个正六面体连接件，固定尺寸的杆件通过磁力引导连接并固定，杆件插入连接件，两个部件便直接组合在一起，如图3-27所示。在材料应用上，方形连接件由铝铣削加工制成，以达到坚固和重量轻的目的，磁铁被压入其中，作为快速装配引导部件；杆件由镀锌钢制成，既轻巧坚固又易于加工。clic系列产品常用于商店、博物馆等场所，作为展示架来展示商品，如图3-28所示。

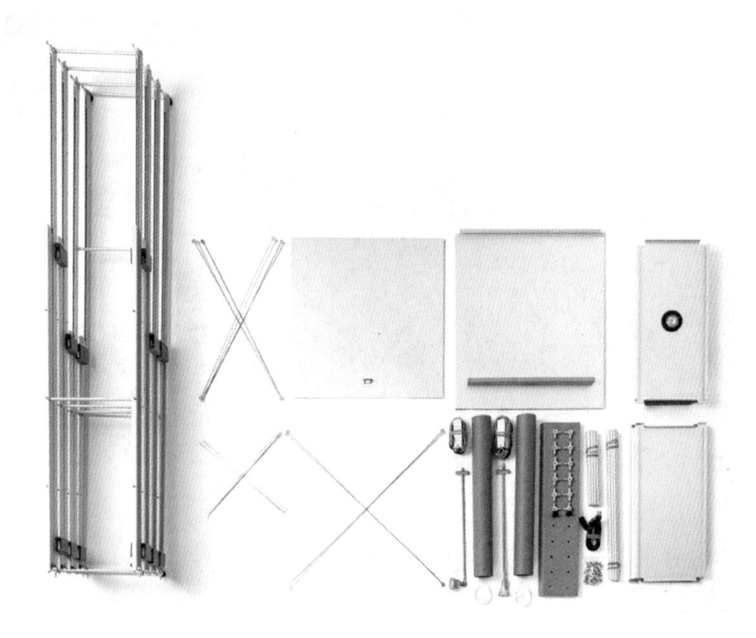

图3-26　模块化产品

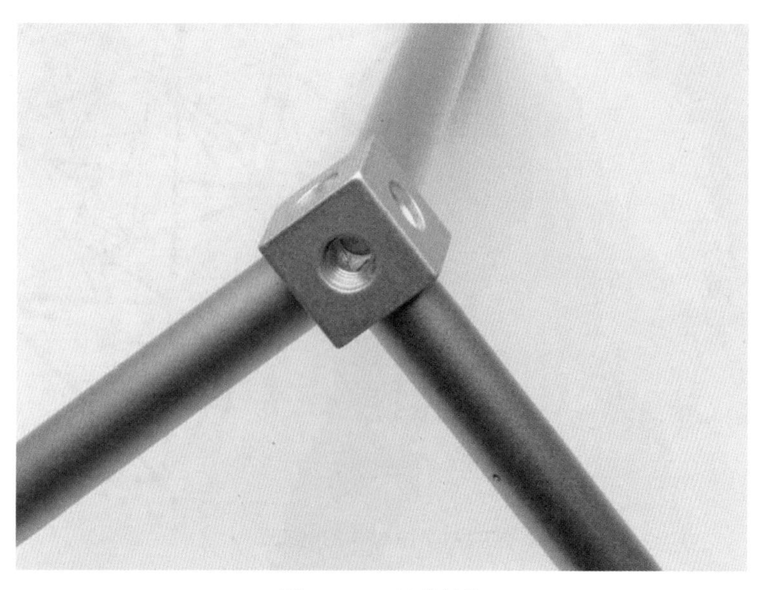

图3-27　clic连接结构

图3-28　clic产品作为商品展示架

家具设计中也有很多网格结构应用的案例。英国著名设计师汤姆・迪克森(Tom Dixon)，在20世纪90年代初设计的金属座椅电缆塔，就是使用直径3毫米的钢棒作为杆件，通过焊接形成三角网格，达到受力稳定和轻便的目的，如图3-29所示。

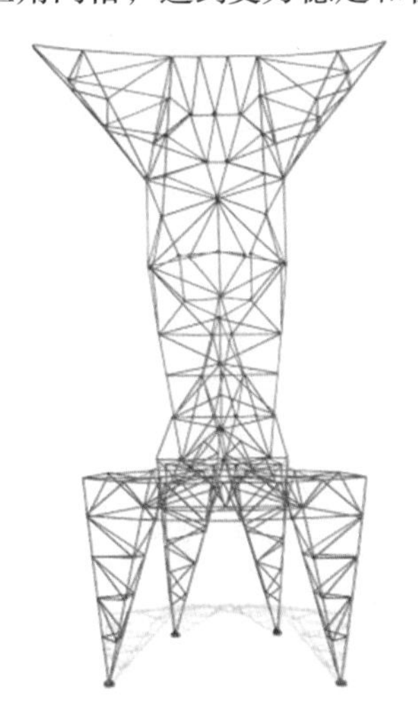

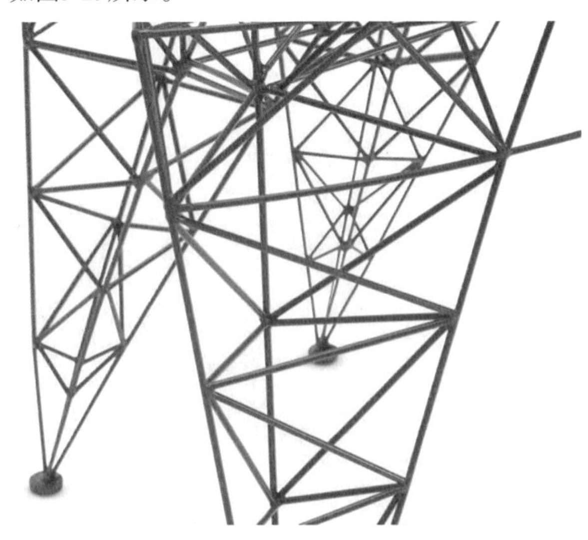

图3-29　网格结构的电缆塔

3.3.2　运动的杆件

在产品设计领域，除了静止不动的结构，还有很多可以“运动”的结构。这些可以活动的产品结构就隐藏在我们的日常生活中，如汽车后备厢开启结构、折叠桌椅、钓鱼凳、野营便携帐篷、可折叠儿童手推车，以及健身器材等。

关于这些可活动的产品结构的设计，我们可以从机械原理中寻找到对应的解决办法和方案。机械就是“利用某种能量、具有运动规律的机构，完成某种有意义的工作的装置。”机构要素包括构件和运动副。组成机构的运动单元体就是构件，构件可以是一个零件，也可以是若干零件连接在一起的刚性结构。机构的每一个构件都以一定的方式与其他构件相互连接，这种非固定并可以产生一定相对运动的连接就是运动副。两个构件通过面接触，组成的运动副称为低副，平面机构中的低副又分为转动副和移动副两种。

连杆机构，作为结构传动中的基本结构形式之一，是指由多个构件(两个以上)组成，以低副连接，用来传递力及运动的机械结构。常见的可伸缩的镜子，就是利用平行四边形对角线的长度变化，从而实现伸缩的平行四连杆机构，如图3-30所示。升降机、伸缩臂也是基于同样的机构原理。1985年由德国设计师阿希姆•海涅(Achim Heine)设计的桌子和长凳的组合也运用了剪式连杆机构，如图3-31所示。

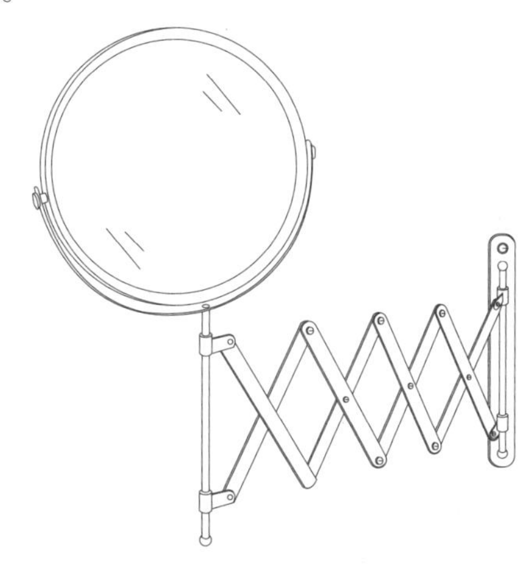

图3-30　可伸缩的剪式连杆机构

图3-31　采用剪式连杆机构设计的桌子和长凳

另一个在结构设计中著名的案例是霍伯曼球，它是由著名的结构发明家查克·霍伯曼(Chuck Hoberman)设计的。它本来是悬挂于美国新泽西市自由科学中心中庭的巨型装置，展开后直径可达9.5米。由于受到很多参观儿童的喜爱，在20世纪90年代被设计转换成儿童玩具，如图3-32所示。这个由400块零件组合后可灵活变换成三角形或五边形的结构，由六个圆环叠加而成，通过计算和几何原理，霍伯曼将众多剪式连杆机构拼接在一起，最终形成一个可变形的活动球体结构，如图3-33所示。

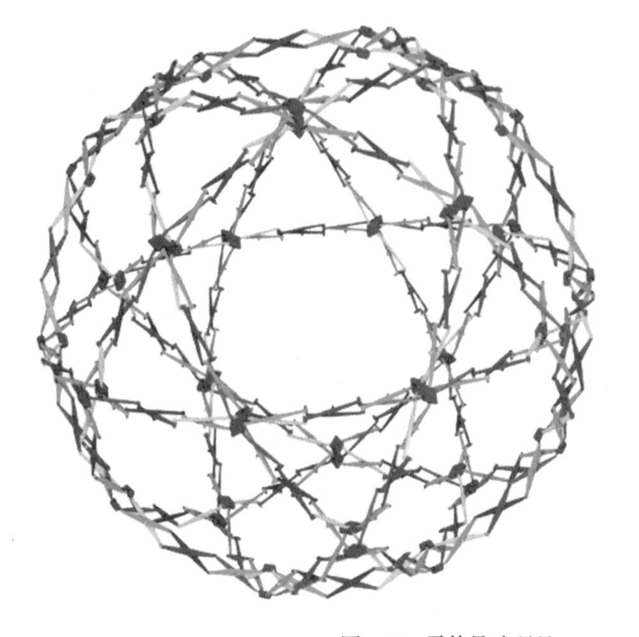

图3-32　霍伯曼球玩具

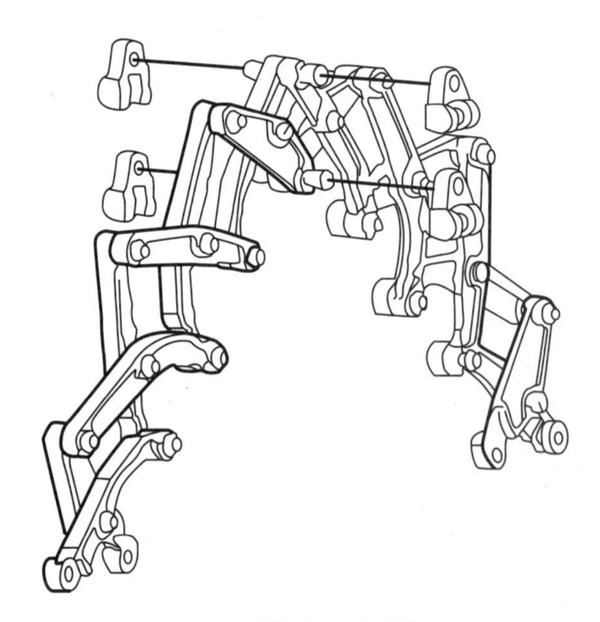

图3-33　霍伯曼球局部结构图

霍伯曼球结构除了被应用在儿童玩具产品上，还可以作为活动装置设置于大型商场、展示空间等众多场景中，如2002年盐湖城冬奥会颁奖舞台的拱门就采用了这一结构。

3.4　面的折叠结构及应用

折叠，指把物体的一部分翻转并与另一部分贴拢。假设有两个支撑件同等高度并相互平行，如果在它们之间设置一个如同纸一样的“面”，则这个“面”受力弯曲，其本身没有支撑力。如果我们把这“面”如同折纸一样进行折叠，则其侧面形成三角形，该结构显示出不同于未折叠状态的强度。生活中常见的折叠面物品为折扇，如图3-34所示。

图3-34　折扇

对于“面”的折叠，我们可以通过对“折纸”的分析来进行直观理解。折纸，作为一项有着悠久历史的艺术，起源于中国，经由日本流传于世界各国，现代折纸艺术和科学汇集了东西方不同的文化和研究发展成果。20世纪20年代的包豪斯设计学院的教学中，就对折纸进行过从平面、曲面到多面体的广泛探索。今天有更多的数学家、计算机专家、机械工程师，甚至物理学家也加入折纸结构的研究和实践中，将曾是装饰和艺术表达的折纸带入了算法和几何的新领域，并将研究成果应用于多个领域。

在折纸结构中，有一种名为Origami Tessellations的流派，tessera是拉丁文马赛克瓷砖的意思，而Origami Tessellations就是将平面划分成像马赛克瓷砖一样的单元格，然后进行平面或三维的翻转、折、压的处理，而无须对平面进行切割。

吉村图案是经典的Tessellations折叠结构，它是由日本研究员吉村在20世纪50年代，通过观察研究纵向受力的圆柱体得来。如果我们对一个圆柱体沿轴线进行压缩，它就会产生屈曲现象，根据材料和应力不同，会产生不同的失效模式，其中一种以四边形网格为元素形成的褶皱图案，即吉村图案，如图3-35所示。吉村图案源于自然发生的模式，它在织物的垂坠状态下可以自然形成，如名画《蒙娜丽莎》中人物的左边衣袖，如图3-36所示。在产品设计中，我们也可以看到吉村图案的应用，因为由它构成的圆柱体，比起相同材料和直径的光滑圆柱体的强度要大得多，如饮料罐上就经常应用吉村图案作为罐体的结构，如图3-37所示。

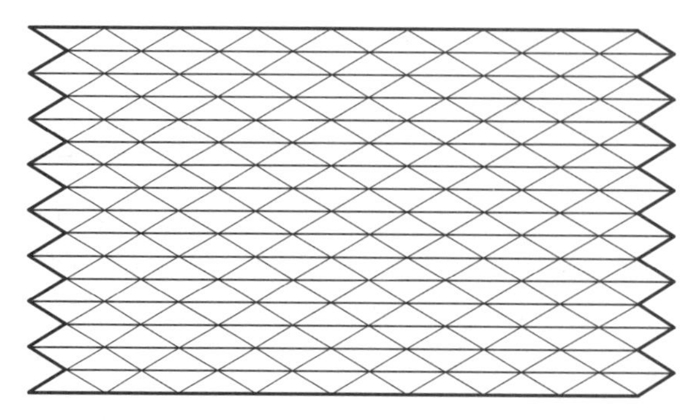
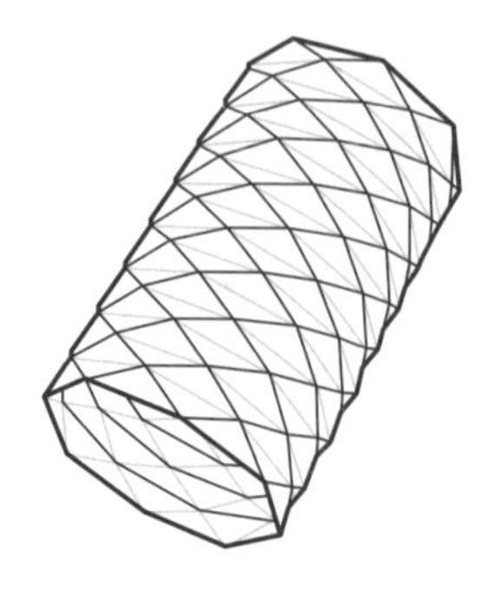

图3-35　吉村图案

图3-36　画中的吉村图案

图3-37　饮料罐上的吉村图案

除了在日常生活领域，这种能将紧凑的结构缩小而后扩展的折叠结构，在医疗领域和人类进行太空探索的路上都得到了应用。比如，美国太空总署想要将太阳帆发射到太空中，他们首先需要将太阳帆紧密压缩发射，即先将体积缩小，而后在太空中展开。而这个结构难题通过罗伯特·朗(Robert J. Lang)及研究所的工程师们所研究的折纸结构得以解决，如图3-38所示。

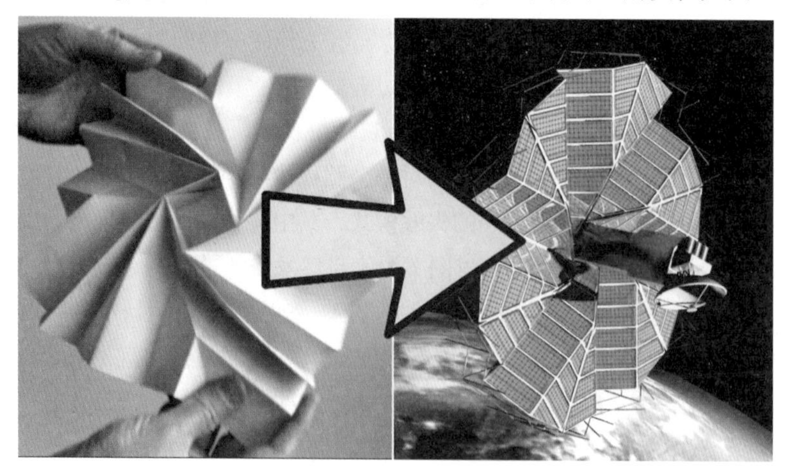

图3-38　折叠太阳帆

3.5　曲面的结构及应用

3.5.1　壳结构

当我们用手触摸鸡蛋的时候，可以感受到“壳”这种曲面结构对于外力的抵抗作用。鸡蛋壳的曲面薄壁结构有纵横两方向的曲率，让鸡蛋在均匀受力时，可以承受相当于本身重量六百多倍的压力而不被破坏。蛋壳的曲面薄壁结合它的微观多层结构(表皮层、海绵层和乳头层)，形成了一个天然的预应力结构体系，产生合理的力传导路径，从而避免了应力集中。自然界中类似的例子还有人类的头骨、海龟壳、贝壳、果壳等。

在建筑领域，壳体被定义为“一种薄的曲面结构，它通过拉伸、压缩和剪切将荷载传递给支承构件”。曲面的形态对于壳结构的影响非常明显，从几何学角度来看，使作为母线的曲线沿着作为导线的曲线平行移动，即可产生推动曲面。当母线和导线曲率中心在曲面同一侧，则曲面为穹顶形，如图3-39所示；当母线曲率为零，或曲率中心无穷大，曲面为圆筒形，如图3-40所示；当母线和导线曲率中心互为相反，曲面则为马鞍形，如图3-41所示。

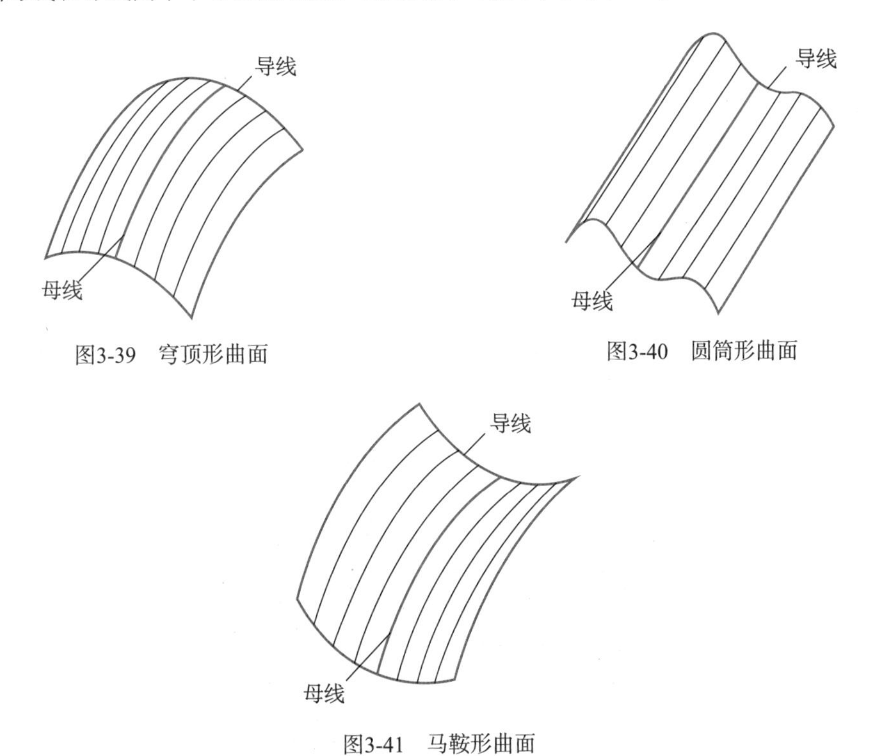

图3-39　穹顶形曲面

图3-40　圆筒形曲面

图3-41　马鞍形曲面

在建筑设计领域，按照曲面形状的不同通常可将壳结构分为四类：同向曲面形状壳体结构，特征是双曲面，且每个方向上曲率相同，如图3-42所示；可展曲面形状壳体结构，即在一个方向上是直的，在另一个方向上是弯曲的，曲面可以通过弯曲平面形成，如图3-43所示；互反曲面形状壳体结构，双曲面形式，每个曲面上的曲率相反，如图3-44所示；自由曲面形状，无法被数学公式定义的壳体结构，如图3-45所示。

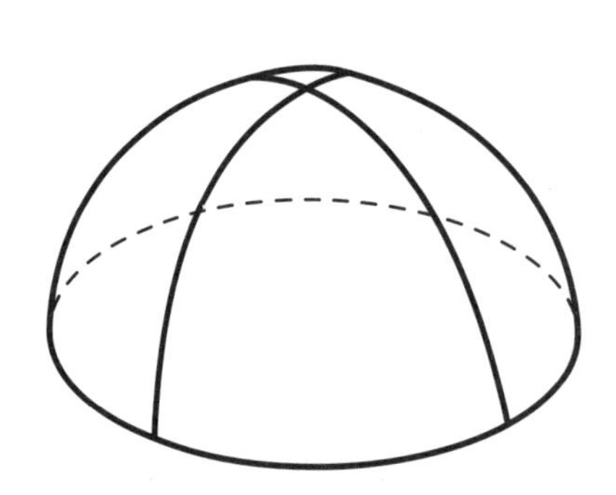

图3-42　同向曲面形状壳体结构

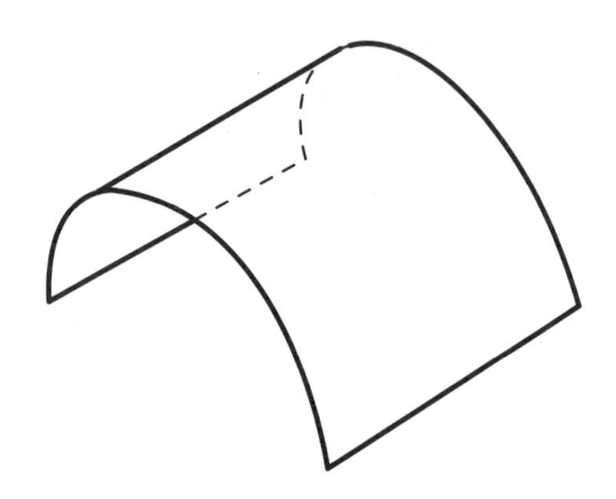

图3-43　可展曲面形状壳体结构

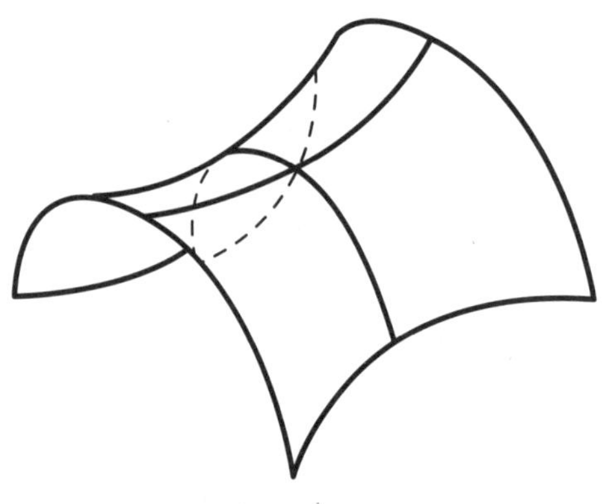

图3-44　互反曲面形状壳体结构

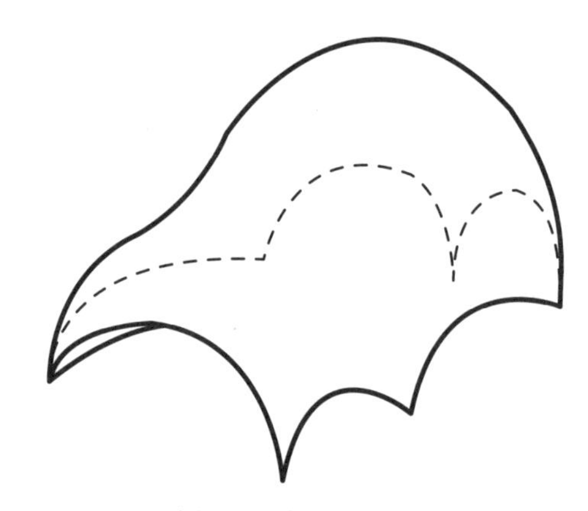

图3-45　自由曲面形状

在产品设计方面，各种产品的内部功能机械或电子构件中，壳/壳体(或被称为箱体)的结构都必不可缺，其特征是包容内部组成部件且厚度较薄。我们常见的产品大都具有壳体结构，如手机壳、鼠标壳、电视机壳、相机壳等，如图3-46和图3-47所示。

图3-46　拆解后的智能手机壳体结构

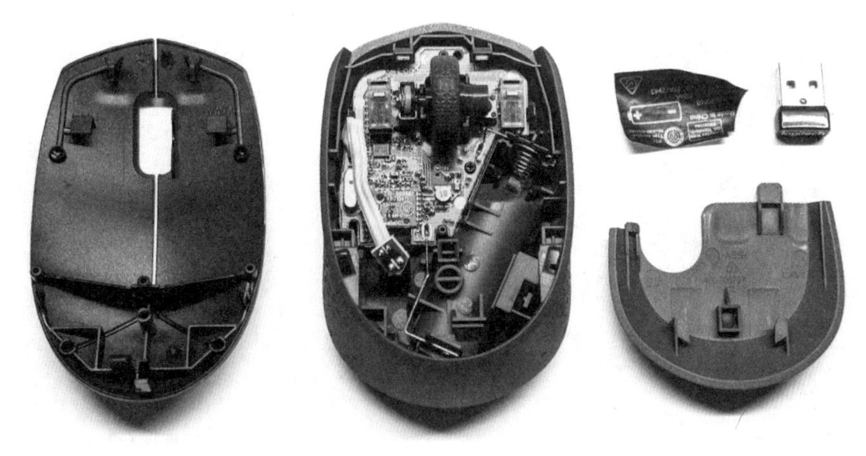

图3-47　拆解后的鼠标壳体结构

产品的壳体功能包括：容纳功能零部件；定位各个零部件的位置和相互关系；保护功能零部件不受外部环境影响；提供给产品使用者舒适的人机关系；适应市场需求，满足不同人群需求；针对特殊产品或特殊的使用目的。

对于壳体的结构设计要求则需要满足：首先，一定的刚度，即在承受较大载荷的情况下，不能变形；其次，一定的强度，即在产品搬运或受到意外冲击时，产品外壳不能被破坏；再次，壳体在受压时，是否有足够的稳定性；最后，壳体的材料和加工工艺的选择是否合理，在满足成本要求的前提下，是否满足产品生产工艺的要求。

3.5.2　膜结构

在人类的历史中，膜结构最早的起源可能是帐篷，虽然我们已经无法推算其出现的具体时间。在人类仍以游牧作为主要生活方式的时代，就开始使用兽皮、木架和绳子进行帐篷的建造。现代膜结构的发展，则是伴随20世纪以来计算机辅助技术设计的广泛应用，以及越来越多新型复合材料的出现。

我们日常所见的“肥皂泡”，其实质是液体形成的薄膜。将一个封闭的框架浸泡在肥皂液中，随后取出，就可以形成肥皂薄膜。德国著名建筑师、设计师弗雷·奥托(Frei Otto)在《找形》一书中讲述肥皂膜的特性，不同的框架可以形成不同形状的肥皂薄膜，而肥皂薄膜总是可以实现数学中界定的“最小表面”结构。这是由于液体薄膜各个位置受到的拉力都是相同的，是预应力、可弯曲的非刚性结构，为平面承载，但仅承受拉力，如图3-48所示。

膜结构根据施加张力的媒介不同，可从形式上分为两大类：充气膜结构和张拉膜结构。在张拉膜结构中，可以通过控制膜顶点和线(边界)来形成不同的三维曲面，膜“面”则是调整控制因素后形成的结果。其中，自由变形面是由三个以上不共面的空间点，可确定只有一条闭合边界的曲面，这种自由变形面的张拉锚点和自由边界的段数一致，如图3-49所示；贝壳状的曲面是由一条非直线线段或多条不在一条直线上的线段，与线段所在面外一点或多点共同确定的，这种贝壳状的曲面具有一条闭合边界，如图3-50所示；叶形面则是由闭合线控制而成的面单元，它的特点是闭合空间线即曲面边界，曲面边界为硬边界且没有自由边界，如图3-51所示。

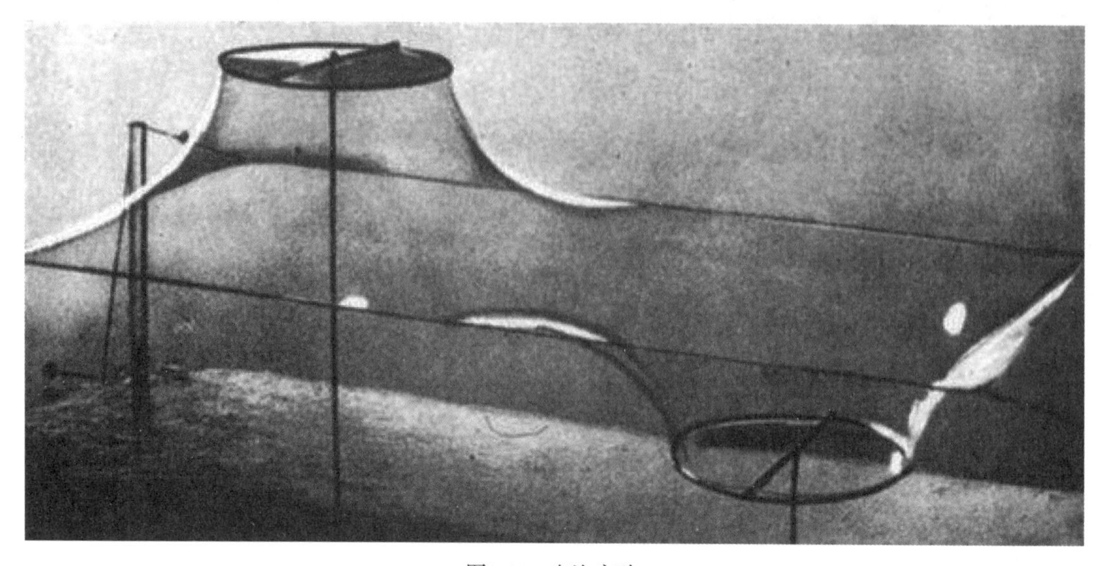

图3-48　皂泡实验

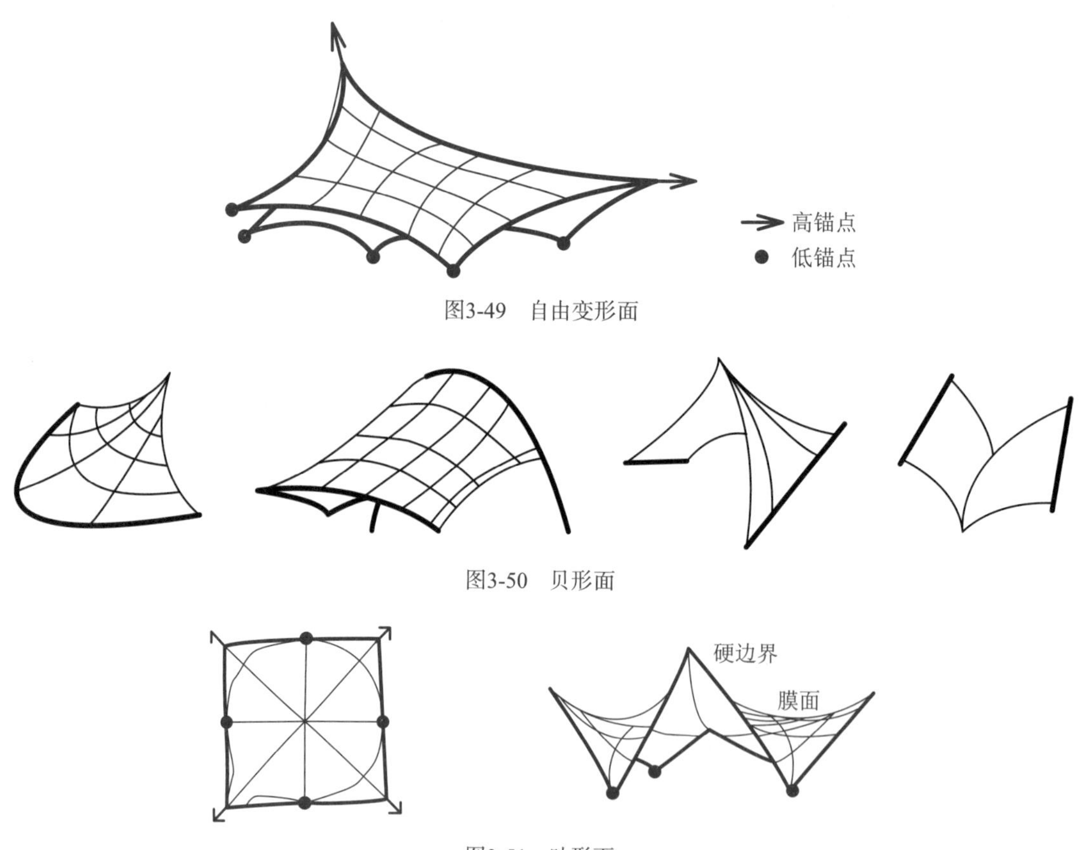

图3-49　自由变形面

图3-50　贝形面

图3-51　叶形面

除了上述膜结构基本单元，还有瓦形面、三角瓦形面和一些基本元素组合而成的二级衍生单元。但是不论膜结构的造型如何演变，我们都可以清晰地看到它“由点控成面，到点线控成面，再到线控成面，即边界→界面→造型，其造型程度越来越明显”的逻辑体系规律。1955年由弗雷•奥托设计的“乘凉帆”，被视为张拉膜结构的经典之作，这个为卡塞尔园林博览会的音乐会所设计的张拉结构装置，其帆表面面积最小处承受了来自各个方向的张拉力，如图3-52所示。

图3-52 乘凉帆造型

产品设计领域也经常可以看到膜结构的巧妙运用，如传统帐篷、救生居所、雨伞等产品。日本设计师佐藤大曾设计过一把透明的椅子，这把用聚氨酯薄膜包裹的透明椅子，巧妙地利用了膜结构和材料本身的高弹性及恢复能力，如图3-53所示。

图3-53 膜结构的椅子

3.6 拓扑优化和产品设计

拓扑为Topology的音译，原本是地形地貌的意思。作为一种数学结构和数学语言，拓扑学是研究事件集合的基本模式和结构关系的科学。在拓扑本来的含义中，包含“位置分析”的意思。在数学领域，拓扑研究起源于著名的“七桥问题”，欧拉发现所有的形状都可以简化为三项基本概念：点(P)、线(L)、面(A)。其中，点由两条线相交而成，或同一条线与自身相交；面则由线围合而成。这三项元素的关系用数学公式表达为P + A = L + 2 即，点的数目与面的数目之和恒等于线的数目加上常数2。

关于拓扑的基础知识，经常会提到面包圈和咖啡杯的拓扑关系的问题，如图3-54所示。它实质是提出拓扑学中关注的拓扑不变量，即“同胚”：在拓扑领域，所关注的是空间在连续变化下保持不变的性质，而不再关心空间的具体形状。如同面包圈到咖啡杯的变化，如果一个空间可以由另一个空间连续变化而来，则将它们视为拓扑不变量。

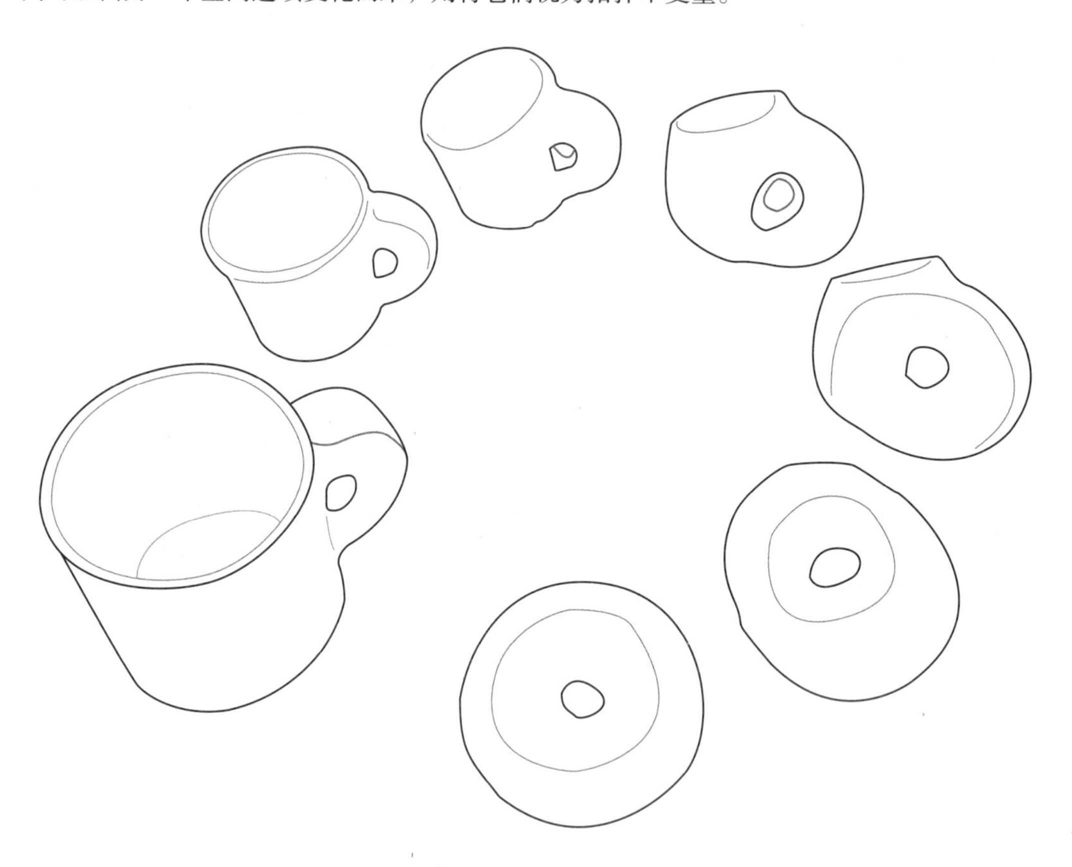

图3-54　面包圈和咖啡杯的拓扑关系

20世纪60年来以来，伴随计算机技术的发展和有限元分析方法的广泛应用，在结构设计领域，一种为工程师提供高效且可靠的设计方法——结构优化得以发展并广泛应用。在承受力载荷的宏观人造结构优化设计问题领域，结构优化大体分为三个层次：截面尺寸优化、几何形状优化和拓扑布局优化。其中，拓扑布局优化与前两者相比较，变量对优化目标的影响更大，可取得的经济效益更大，同时因为待确定的参数更多，所以难度也更大。

我们知道合理的结构设计方案，能在保证物体的力学性能的前提下，节约成本。其中一个因素就是节省所使用的材料，让材料的分布更合理，从而提高材料的利用率。而在物理世界中，材料的受力分析十分复杂，除了可以看到的零部件之间的连接方式，还有零件内部应力不能超过零件材料的最大承受能力。这种涉及分子、原子层面的分析计算，就需要我们运用计算机的计算力。最为广泛应用的有限元分析的方法，即利用数学近似的方法对真实物理系统进行模拟，即利用简单而又相互作用的元素(单元)，用有限数量的未知量去逼近无限未知量的真实系统。这种最初应用于航天航空领域计算结构强度的方法，随着计算机技术的普及发展已广泛应用于各个技术领域。在建筑领域，这种结构设计方法催生了以扎哈·哈迪德(Zaha Hadid)为代表的参数化设计风格，也使设计师们的超现实主义和充满幻想的设计作品得以实现，如图3-55所示。

图3-55　扎哈·哈迪德的建筑作品

现今不仅仅在工程设计领域，在艺术设计领域也出现了一批应用拓扑优化技术创作的优秀作品。2006年，荷兰设计师尤西斯·拉尔门(Joris Laarman)，利用软件设计了“骨椅”，最终的铝制成品通过3D打印的模具铸造实现，如图3-56所示。2016年，德国空中客车子公司APWorks推出了通过3D打印技术制造的摩托车，如图3-57所示。通过拓扑优化技术，使这辆拥有“有机外骨骼”的电动摩托车身比传统设计制造的摩托车减轻了30%的重量。

图3-56　3D打印的铝制骨椅

图3-57　3D打印技术制造的摩托车

阅读完本章，请思考回答以下问题

1. 柏拉图多面体有哪几个？柏拉图多面体的基本条件是什么？
2. 你身边有杆件结构构成的产品吗？请分析它的结构。
3. 霍伯曼球由什么结构组成？
4. Origami Tessellations的结构特点是什么？
5. 为什么鸡蛋在均匀受力时不容易被破坏？
6. 请列举产品设计领域中膜结构的运用。
7. 拓扑优化的目的是什么？

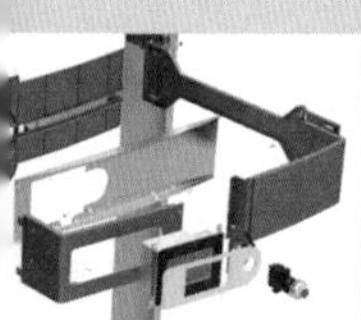

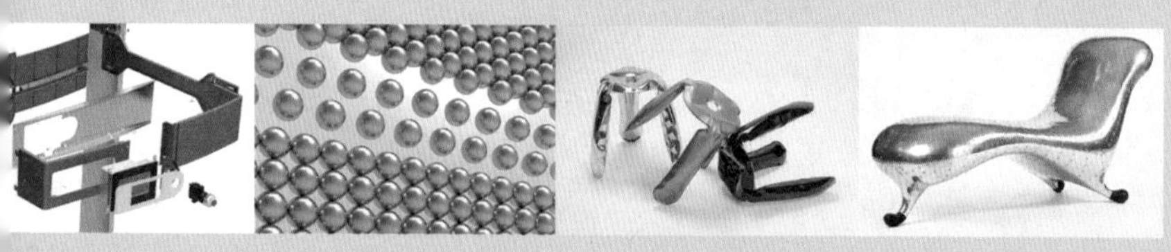

第4章

常用金属材料结构设计准则

主要内容：金属材料在结构设计中的应用，及其主要加工方法。

教学目标：通过对本章的学习，使读者理解金属的材料结构和特性，以及金属加工方法和结构设计的关系。

学习要点：金属特性，铸造加工，钣金加工，数控加工。

Product Design

我们身边充满了金属制品，从建筑到交通工具，从工业零部件到日常生活中使用的各种工具。金属具有极其重要的商业价值。

4.1 金属材料应用简史

对于金属特性的掌握和使用，标志着人类文明发展的不同程度。地球上只有少量金属以单质形式存在，如金、银、铂、铋，其他大多数则以化合形态存在，也就是说必须从矿石中提炼。只有当人类具有开采矿石的能力，具有提高冶炼矿石温度的能力，甚至掌握金属还原技术的能力时，才有可能开始冶炼金属，所以史学家把冶炼金属看作是人类文明进步的重要标志。

从公元前4000年到公元初年，人类开始大规模使用青铜制造工具，之后世界各地或早或晚逐步进入了青铜时代。青铜的熔点在800℃左右，作为一种熔点较低的合金，青铜器早于铁器出现在了人类的历史长河里。

相较于青铜器，铁器的强度更高，但是冶炼铁的温度需要在1300℃以上，而且需要用木炭将铁从氧化物中还原出来，工艺相对复杂。冶炼铁矿石的过程主要是控制碳含量的过程，当碳含量在1.7%～4.5%时，物质表现出的特性为硬而脆，被称为“生铁”，当生铁通过再次炼制并进一步降低碳含量后，我们就可以得到钢；相比生铁，钢的硬度下降但韧性更好。

历史告诉我们，对于材料和技术的掌握和运用往往可以决定一个民族的命运，公元前1300年左右，生活在安纳托利亚高原的赫梯人掌握了冶炼铁的技术，他们不但大量生产铁器，还将铁车轴用在战车上，以能够承载三人的铁车轴战车战胜了使用只能承载两人的铜车轴战车的古埃及人，由此使本民族的发展更加壮大。

4.2 常用金属材料概述

金属在固态下通常都具有晶体结构，晶体内部的原子是按照一定几何形状有规律排列的；金属的特性与结晶状态，也就是原子的排列规律有关，原子的排列规律与排列方式也叫作“晶格”，如图4-1所示。

“位错”是金属原子偏离原本的构造，出现的原子断裂，正是因为“位错”才让金属可以改变形状，成为我们制作器物的材料。而一种金属的位错容不容易产生，则取决于该金属晶体内化学键的强度，也就是我们常说的金属的熔点。加热时的金属变软，就是因为位错移动，金属晶体内部出现了重新排列组合。因为金属能够反光，所以我们从不透明的金属表面是看不到金属晶体的特质的，但是通过电子显微镜我们可以看到金属晶体的“位错”，如图4-2所示。

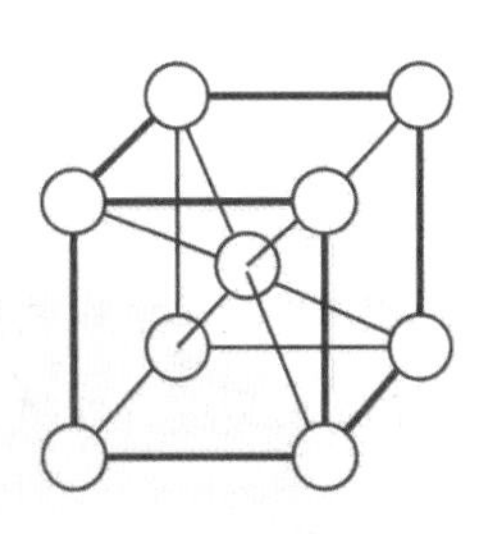

图4-1　金属微观立体晶格

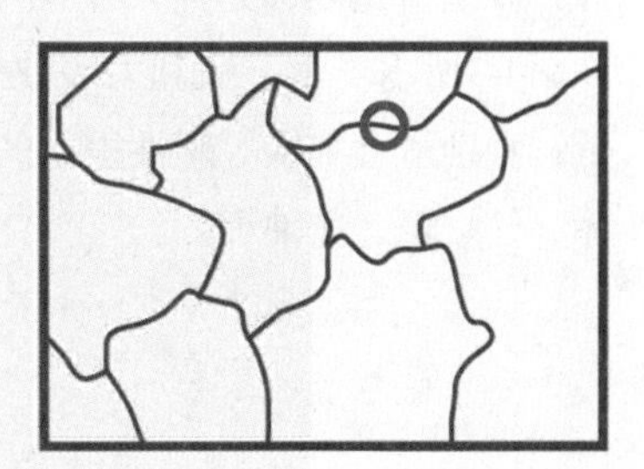

图4-2　金属位错微观图例

产品中用到的金属基本都是合金，合金是一种金属与另一种或几种金属或非金属，通过加热溶化后混合得到的。早在青铜时期人们就认识到，金属的特性可以通过混合其他添加成分进行优化，合金具有比单一金属更好或是不同的材料特性。合金比单一金属材料更坚硬、更耐腐蚀，或者加热成型性能更好，这是因为外来原子的大小和化学性质都和本来的金属原子不同，所以在被嵌入后改变了原本金属晶体的物理结构。合金基本上都会比原金属材料具有更好的硬度、韧性，或导电、导热性，这是各类型合金的基本特性。合金的种类繁多，我们常用的钢在全世界占到金属消耗总量的90%以上，其次是铝，然后是铜、镍、锌、钛、镁和钨。

金属加热后会流动并具有可塑性，所以可以通过锻造或铸造成型，称为热加工；此外常用的金属加工工艺还包括机械铣削、冲压等，称为冷加工。常用的金属加工工艺还包括铸造、塑性加工、切削、冲压拉伸，以及CNC数控加工工艺等。

4.3 铸造加工

铸造是人类掌握较早的金属热加工工艺，简单说就是把金属熔化成液态，然后浇筑到已经做好的模具中，冷却凝固后获得一定形状的工艺。重型机器中的机床、内燃机、风机、压缩机都需要用到铸造件；民用的水暖件，如暖气片、水管等，或者燃气灶、铁锅等日用产品也多是铸造出来的。

4.3.1 常用铸造工艺流程

常用铸造工艺包括砂型铸造、熔模铸造(又叫失蜡铸造)、离心铸造、真空铸造，以及金属型铸造等。其中，金属型铸造还分为金属型重力铸造、金属型压力铸造。

1. 砂型铸造

砂型铸造是铸造生产中的基本工艺，顾名思义它是在砂制型腔中生产铸件的铸造方法，如图4-3所示。钢、铁和大多数有色合金铸件都可用砂型铸造方法获得，它的适应性广、成本低，特别适合如铁等塑性很差的材料。工业上我们经常用砂型铸造方法制造汽车的发动机气缸体、气缸盖、曲轴等。

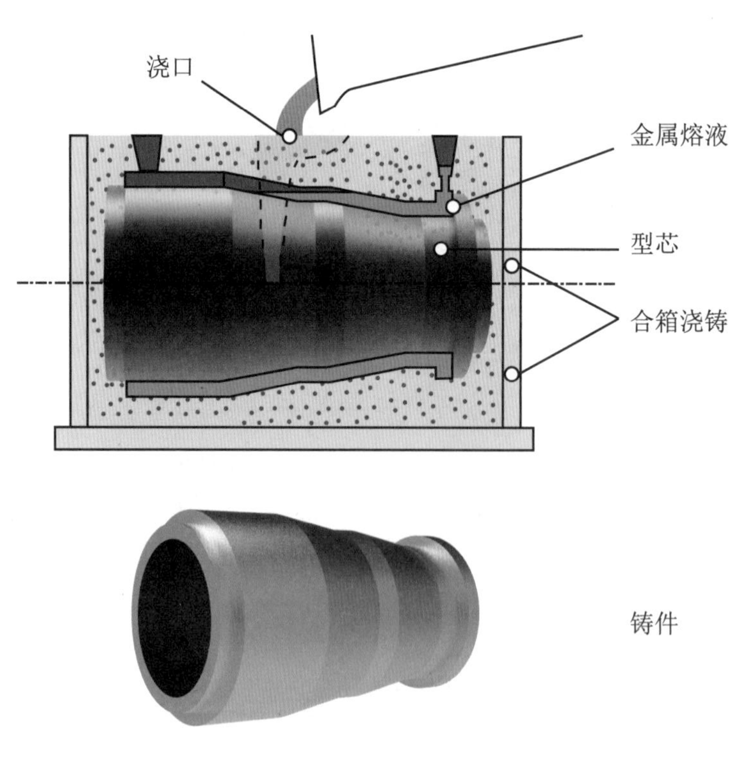

图4-3　砂型铸造

2. 熔模铸造

熔模铸造又称失蜡铸造，是一种传统的铸造工艺，我国的失蜡铸造法起源于春秋时期，用以制造青铜器。现代工业的熔模精密铸造是从传统失蜡铸造法发展而来的，包括结合3D打印制作模芯，用以铸造形态结构复杂的部件，其工艺原理也和传统熔模制造相同。

熔模铸造的过程，是先用熔点低的蜡制作所需产品零件的蜡模，然后在蜡模上反复蘸浆、挂砂土制成泥模；泥模晒干或是烘干后，放入热水或是工业熔炉中将内部蜡模熔化；经过高温烧制的泥模变得坚固，再将金属熔液灌入泥模中，冷却后即制成零件，如图4-4所示。

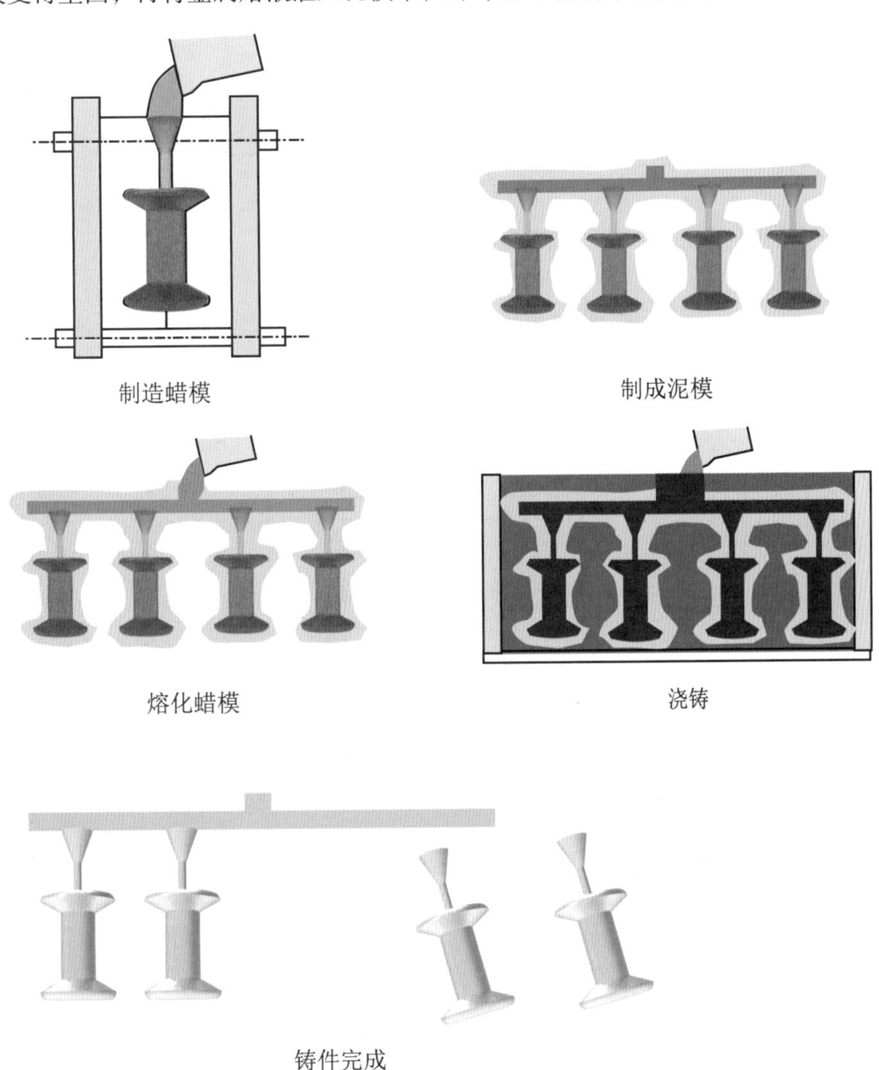

图4-4　熔模铸造过程

3. 金属型铸造

金属型铸造又叫硬模铸造，指液态金属在重力或是压力作用下充填金属铸型，并在型腔中冷却凝固，而获得铸件的一种成型方法，如图4-5所示。金属型铸造的铸型可反复使用几百到几千次，在生产效率上比砂型铸造高，铸件的精度和表面光洁度也要好，工序简单，更适合批量自动化生产。但是金属型铸造的制造成本较高，对于铸件的形状、大小和重量都有要求，因此更适合大批量生产中小型铸件。

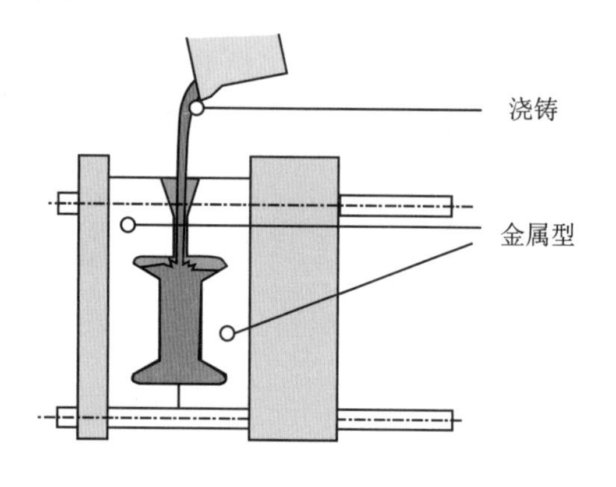

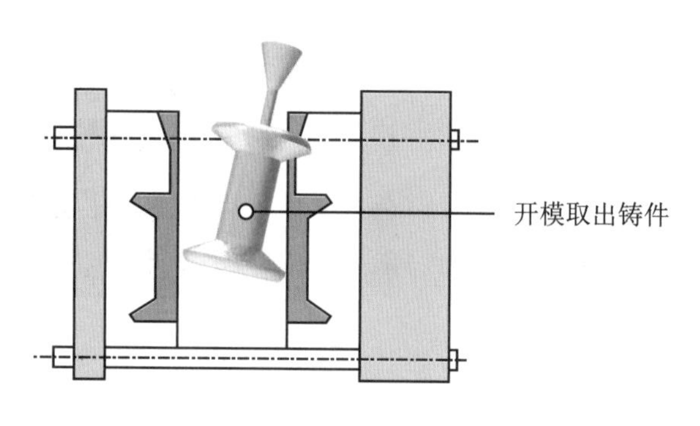

图4-5　金属型铸造

4.3.2　铸造结构基本设计原则

在使用铸造工艺进行生产时，有一些结构设计的基本原则，可以帮助生产者节约成本，或是得到更稳定和精确的铸件质量。这些基本的设计原则需要我们从设计初期就有所了解，并且认真考虑。

1. 设计合理的铸件壁厚

铸件壁厚的设置会直接影响工艺的实现和铸件的质量，过厚会影响铸件的力学性能，内部出现空洞等缺陷的可能性越高，过薄又会影响铸造时材料的流动性，造成铸件缺陷。因此，在保证铸件力学性能和工艺所需的材料流动性的前提下，应尽量减少铸件壁厚，并尽量保持壁厚的均匀性，以保证铸件内部的应力均匀，如图4-6所示。

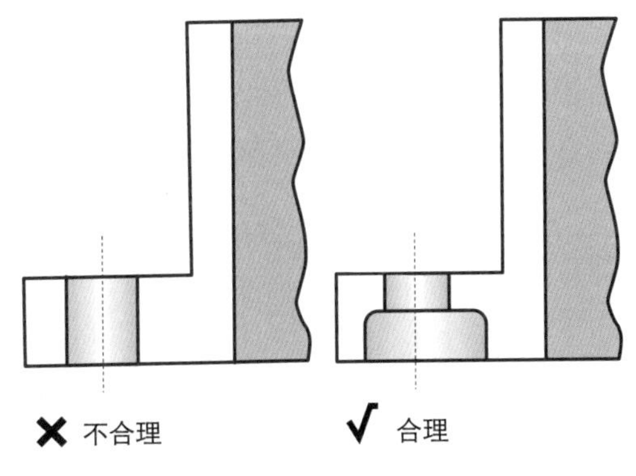

图4-6　设计合理的铸件壁厚

2. 避免水平的面

铸件后的均匀冷却可以避免材料出现空洞等缺陷，而水平的面则容易造成局部材料堆积从而影响冷却速度，因此设计铸造模具时，应尽量避免水平的面，如图4-7所示。

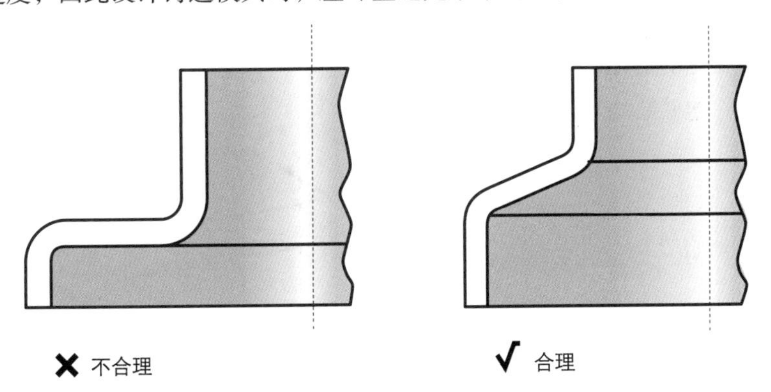

图4-7　铸件应避免水平的面

3. 避免连接处设计尖角

为了实现浇注时液体金属较佳的流动性，应避免在壁与壁的连接处设计尖角，而应该设计成圆角。尖角还可能会造成因内部应力集中而造成的逐渐开裂，而圆角可以减少在开模时对模具的磨损，从而增加模具的使用寿命，如图4-8所示。

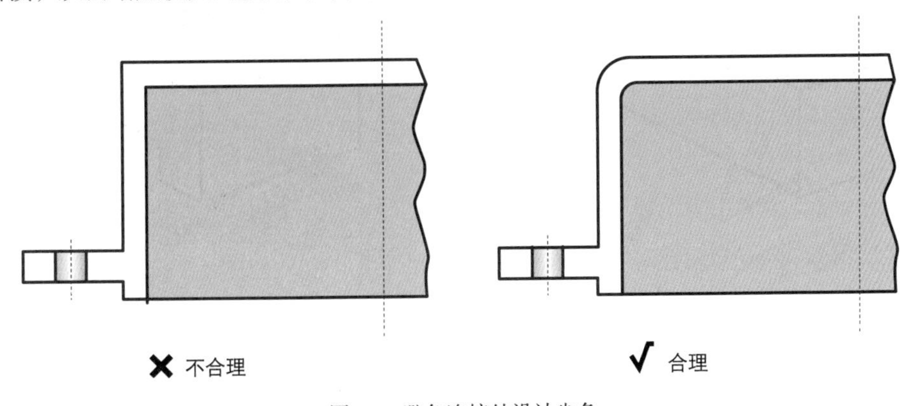

图4-8　避免连接处设计尖角

4. 设计斜角

在设计铸造模具的结构时应保留足够的斜角(拔模角)，以保证在脱模时尽量减少铸件与模具的摩擦，降低脱模的难度，同时延长模具的使用寿命，如图4-9所示。

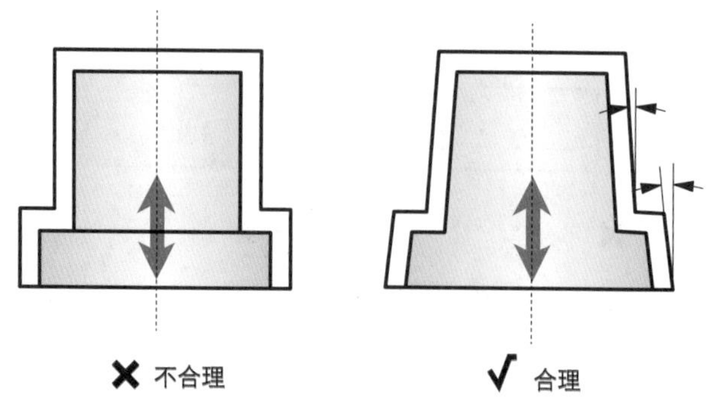

图4-9　设计斜角

5. 设计过渡结构

对于有壁厚变化的部件，应在模具中设计过渡结构，以避免应力堆积；或通过打孔、挖槽等方式尽量使部件的壁厚均匀，如图4-10所示。

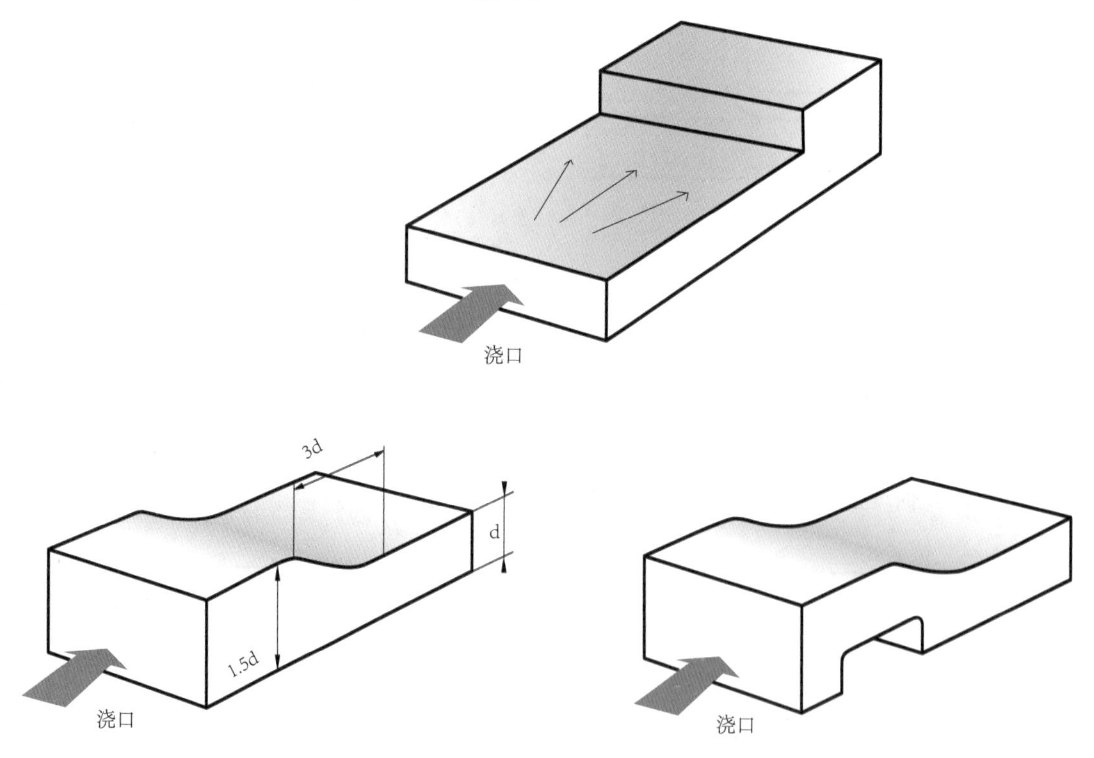

图4-10　设计过渡结构

6. 避免收缩痕

根据部件强度要求而设置的加强筋，由于材料堆积而导致冷却后铸件表面出现收缩痕，如图4-11所示。避免的方法是，有意识地设计装饰性凹槽或者有意识地设计装饰性肋骨结构；还有就是对于肋条结构的设计，如减少肋条结构数量，注意脱模形状，或将肋条结构数量加多，高度和宽度变小，如图4-12所示。

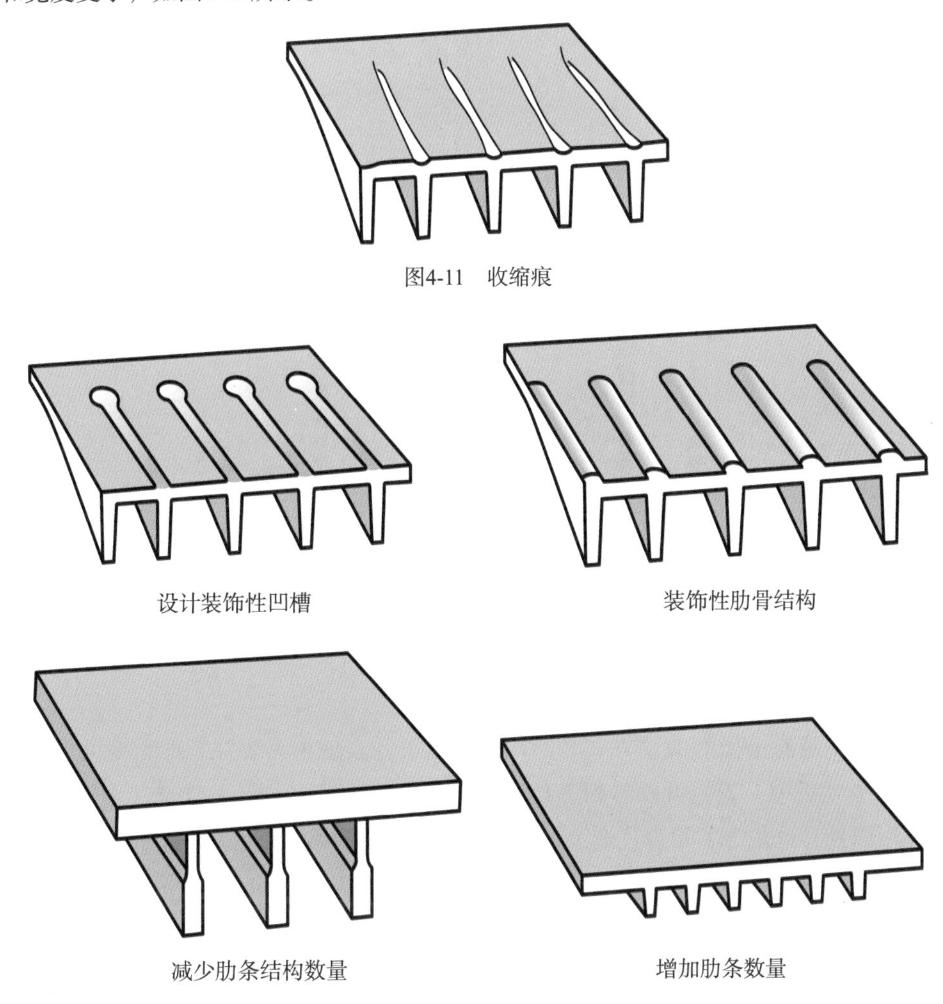

图4-11 收缩痕

图4-12 避免出现收缩痕的方法

4.3.3 铸造加工案例分析

传统的加工工艺除了能为工业化批量生产的产品提供稳定低价的生产解决方案，也可以给当代设计师提供创新的思路。这里我们来介绍一个使用传统砂型铸造工艺完成的六角锡制凳子的案例，如图4-13所示。

英国设计师马克思 • 兰姆(Max Lamb)擅长使用传统加工工艺进行艺术设计创作，是当代知名设计师之一。他的著名作品六角锡制凳子是他对于砂型铸造工艺的深刻解读，项目中六角结构的运用也表现了工艺方法与产品结构的完美结合。

图4-13 六角锡制凳子

铸造工艺中液态金属的流动方式和冷却时间是工艺实现中需要注意的首要问题。在六角锡制凳子这个项目中，我们可以看到三角形作为基本模块结构，除了要完成凳子本身的承重和支撑作用以外，也是为了配合铸造工艺的要求，让材料能够在型腔中更好地流动，如图4-14所示。

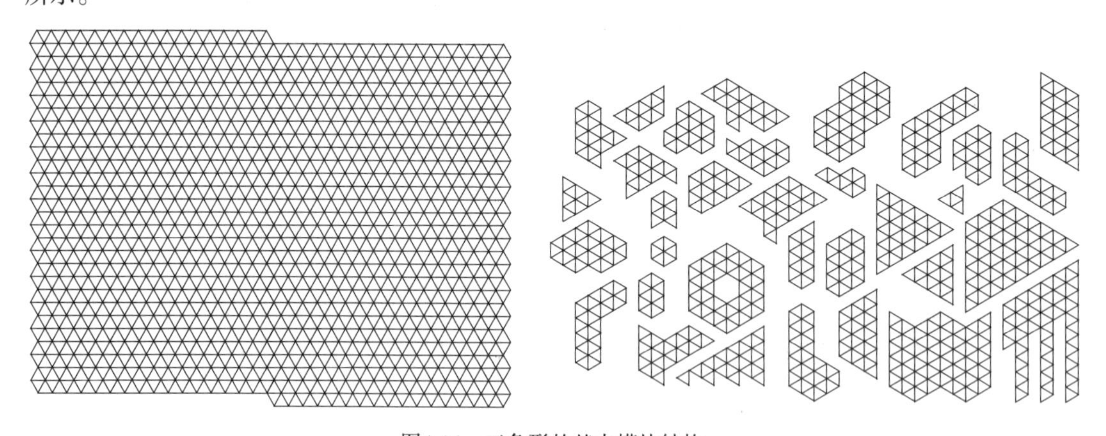

图4-14 三角形的基本模块结构

六角锡制凳子的制作过程非常有意思，设计师选择了一处僻静的海滩，把整个沙滩作为砂型铸造的型腔，如图4-15所示。设计师首先在沙滩上刻画出设计好的结构图，如图4-16所示；然后用模型制作型腔，接着用准备好的工具融化锡，并浇铸到型腔中，等待冷却，如图4-17所示；最终完成六角锡制凳子的制作，如图4-18所示。

图4-15　沙滩作为型腔

图4-16　沙滩上画出结构图

图4-17　浇铸锡并等待冷却

图4-18　六角锡制凳子系列中的一个样品

4.4 钣金加工

钣金是一种针对金属板材的综合冷加工工艺，也是金属加工中最常见的方式。钣金加工通常使用厚度低于6mm的薄金属板，采用冷加工工艺，也就是不改变材料的状态，而是利用材料的延展性、硬度等特性，通过拉伸、切割等手段完成造型。常用的钣金加工材料有不锈钢、镀锌钢板、马口铁、铜、铝、铁等。

钣金加工具有效率高、质量稳定、成本低等优点，所以在汽车制造、机电仪器仪表、电子产品，以及日用品等领域，钣金加工都作为主要的生产手段，如图4-19所示。

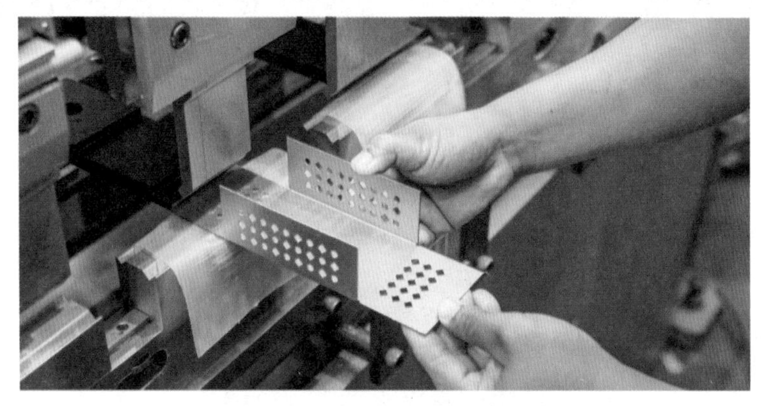

图4-19　钣金加工

4.4.1 常用钣金加工工艺

因为钣金加工的特点就是针对厚度均匀的金属板材材料，所以在理解和思考它的加工流程时我们可以先把金属板想象成纸。一卷或是一张一定尺寸的金属板(一张纸)，我们需要先根据设计通过机器对板材进行冲压或是裁切，以达到我们所需的形状(用剪刀裁切出形状)，然后通过折弯使板材具备一定的强度并形成立体形态(把裁好的纸折叠出形状)，如果需要把两片或是多片钣金加工件结合在一起，则需要通过焊接(把纸用胶水黏合)、铆接(把纸用订书机钉在一起)或是螺丝连接(把纸用曲别针别在一起)。根据金属材料的延展特性，有一定厚度的金属板材还可以进行拉伸成型(厚纸可以在一定厚度的凸起物上压出相同的形状)。

钣金加工的主要方法有冲裁、折弯、拉伸等。

1. 冲裁

在钣金加工工艺中，首先要对板材进行冲裁加工，即利用冲模使部分材料与另一部分材料或废料分离的一个工序。冲裁包含剪切、落料、冲孔等工序，这些都属于在材料二维平面上的加工，如图4-20所示。

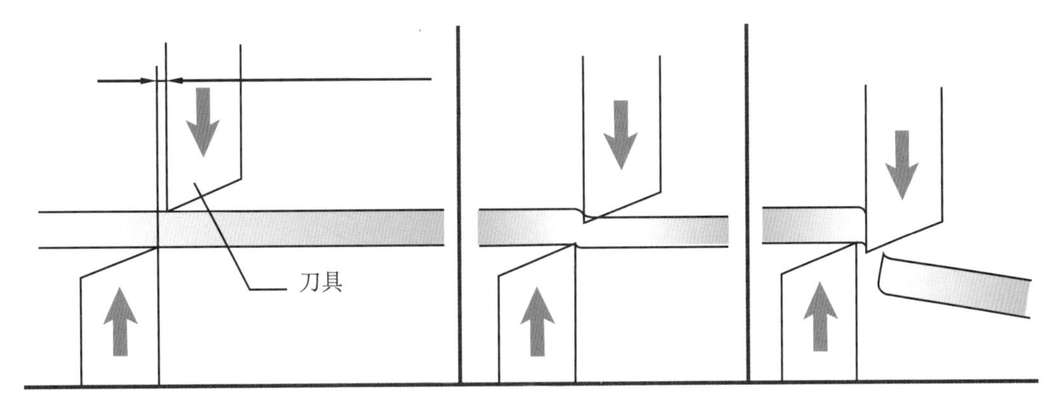

图4-20　冲裁加工

在设计加工模具时，除了需要遵循结构设计的基本原则，省材省料，尽量简化结构外，还需要注意钣金材料在剪切落料或冲孔时会产生毛边或R角，如图4-21所示。量产的产品模具在使用一个阶段之后尤为明显，一些严重的毛边会割伤手指，产生不安全因素，所以在设计模具时需要在图纸上根据产品功能标出毛边的方向，也就是刀具加工的方向。

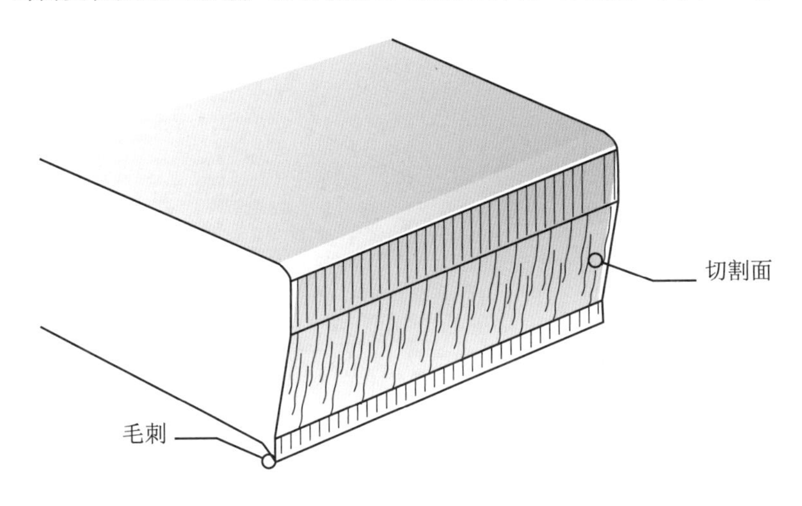

图4-21　剪切落料或冲孔产生的毛边

2. 折弯

折弯是利用压力使板材产生塑性变形，从而使板材形成具有一定角度和曲率形状的成型工序，如图4-22所示。常见的折弯加工有模具折弯和折弯机折弯。模具折弯需定制折弯模具，多用于产量较多、外形复杂、尺寸较小的部件；小批量、外形简单、尺寸较大的部件多采用折弯机加工。

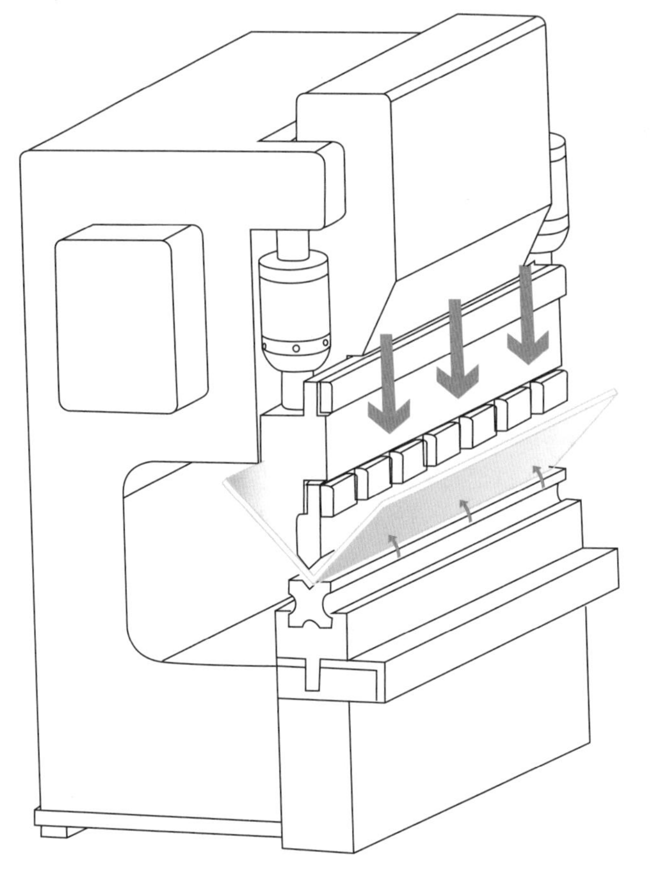

图4-22　折弯加工

3. 拉伸

拉伸是使用各种工具对金属板进行敲打、挤压、延伸等操作，使金属板拉伸形变并成型。在机械加工中，通常使用冲压的方式拉伸加工金属，首先将金属板固定在凸模或凹模上，然后按顺序挤压拉伸加工成容器形状。汽车里的一些金属零件、电机外壳、医疗器械里的部件等，在制作时很多都需要使用冲压拉伸工艺。

采用拉伸工艺加工金属材料时可能会受到三向应力作用，所以当拉伸加工的冲头压入模具，材料在形变过程中容易产生褶皱，产生零件侧壁褶皱的主要原因是材料的厚度不够(比最小的允许厚度还薄)，或上、下模安装时出现偏移，造成一边间隙大，另一边间隙小。

有些产品或零件经过一两次拉伸加工即可成型，称为浅拉伸。而拉伸程度比较大、形状复杂一些的零件，则需要通过多个程序的“级进模”进行加工，也就是每次只拉伸较小的深度，经过多次拉伸达到所需形状，这样可以避免因拉伸程度较大而造成的材料断裂，如图4-23所示。

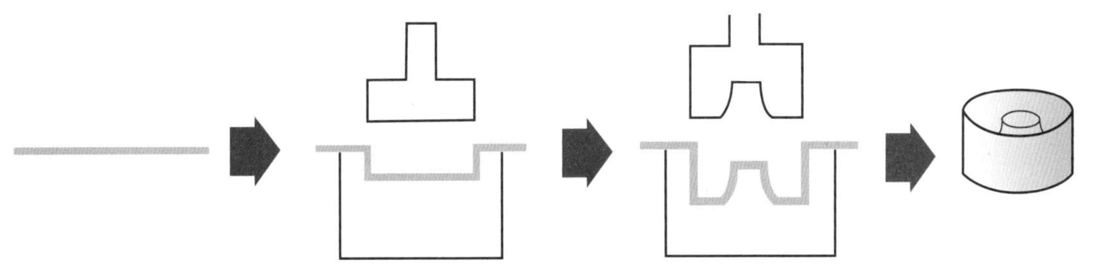

图4-23　使用不同模具进行多次拉伸

4.4.2　钣金结构基本设计原则

批量生产的钣金产品上如果设计了孔、槽，或是整体设计钣金部件工艺流程，基本上都会用到冲切。冲切是由一个或是多个冲切模具和设备完成的，简单说就是在板材上切割出所需的二维形状。冲切模具在结构设计上应遵循的是节约用料的原则，减少材料浪费，从而降低成本；设计切割形态时，还需要充分考虑到后续工艺。具体的冲切要求包括如下几方面。

(1) 尽量避免锐角，以及长而细密的切口，如图4-24所示。

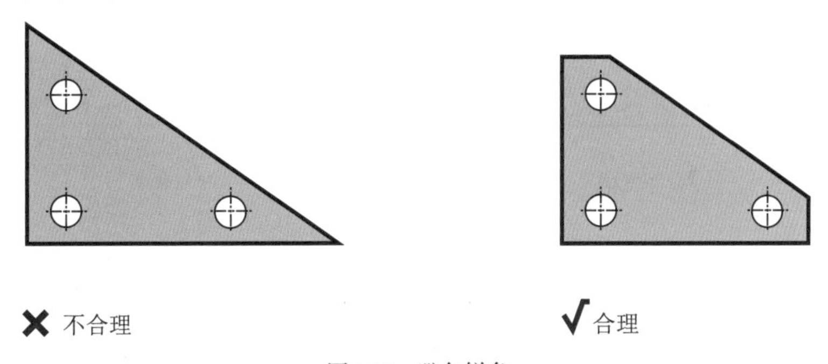

✖ 不合理　　　　√ 合理

图4-24　避免锐角

(2) 通过嵌套的方式排列需切割的形态，从而节省材料成本，如图4-25所示。

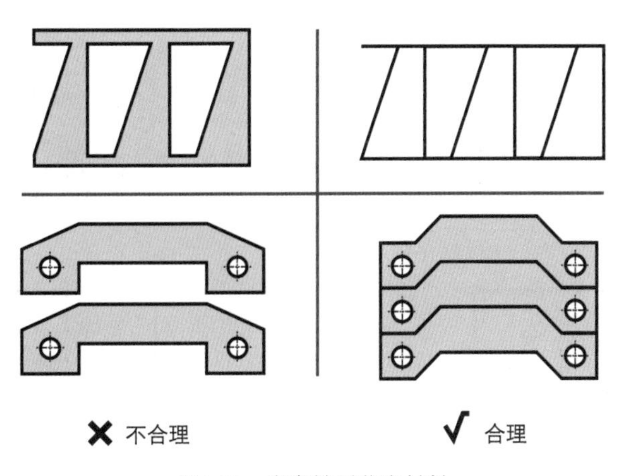

✖ 不合理　　　　√ 合理

图4-25　嵌套排列节省材料

(3) 已加工不需要的剩余材料如果还可以使用，可以充分利用剩余材料的空间，如图4-26所示。

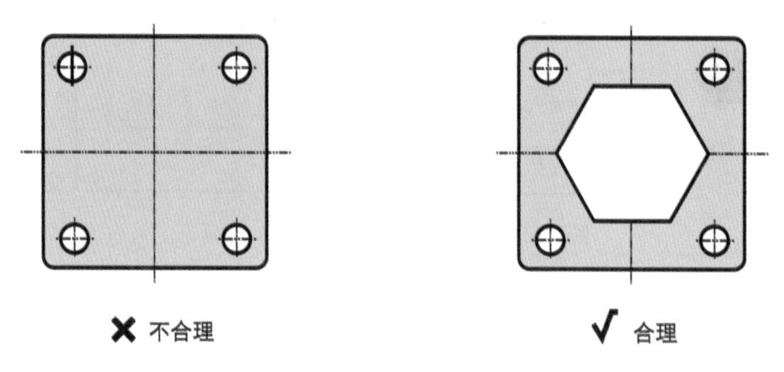

图4-26　充分利用剩余材料

(4) 在节约材料成本的基础上，也要防止被冲切的形态之间距离过小而产生破裂，如图4-27所示。

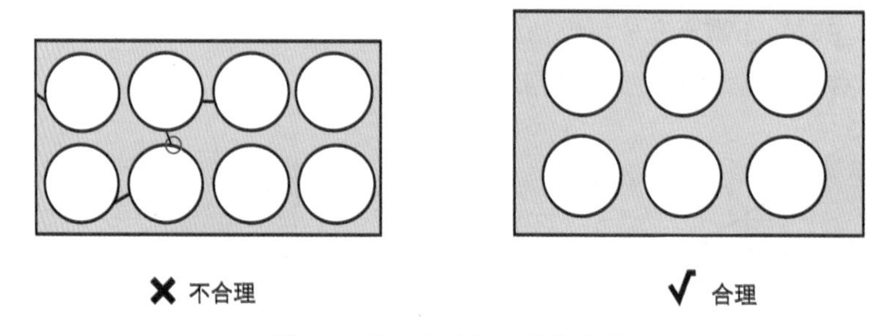

图4-27　防止被冲切的形态破裂

(5) 切割形态应规范，切割形态与切割刀具相关，因此在设计时应予以考虑，如图4-28所示。比如，尽量不要在设计时使用锐角，从而保证标准刀具可以满足加工需要。

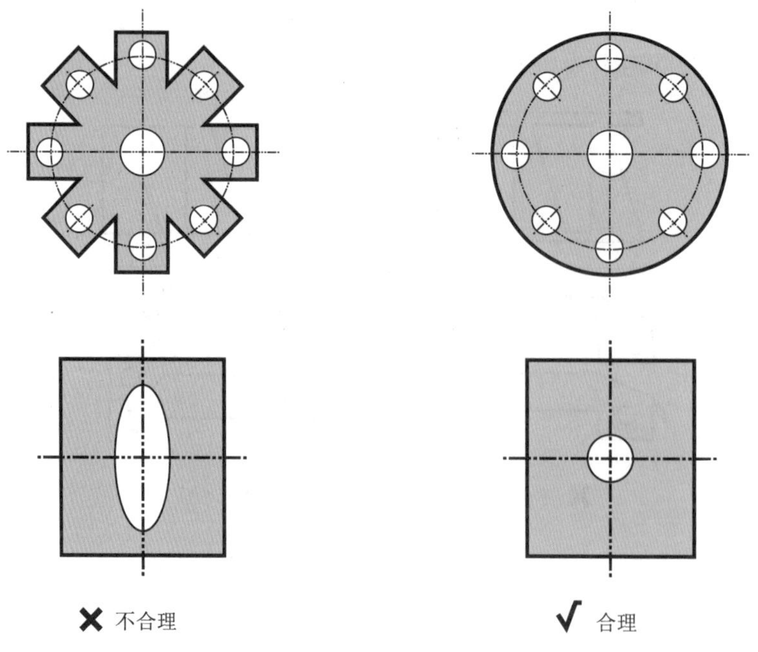

图4-28　切割形态规范

(6) 不要在空心轮廓周围过度切割，以避免加工后产生的部件变形，如图4-29所示。

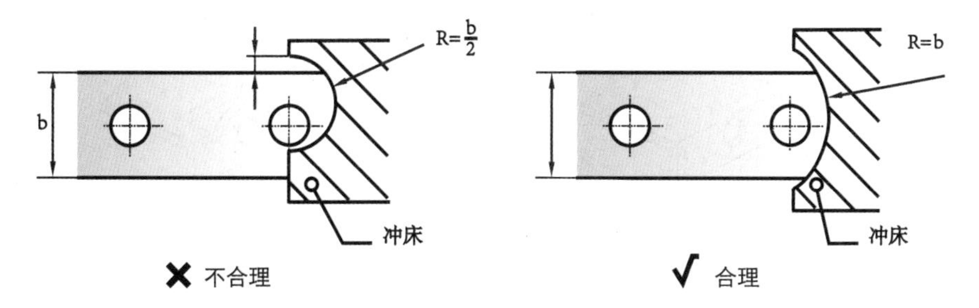

图4-29 空心轮廓周围避免过度切割

(7) 由于刀具选择和部件变形的原因，长而细密的口不适合冲切，如图4-30所示。

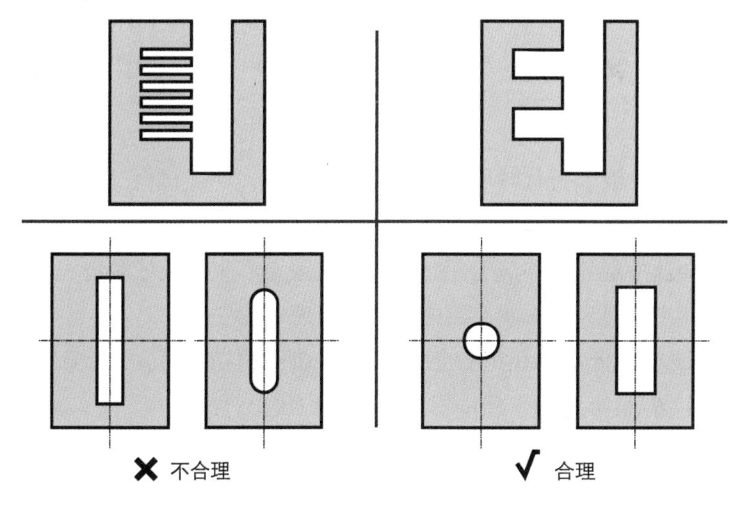

图4-30 长而细密的口不适合冲切

(8) 切割面留有一定的角度，可以避免冲切时刀具和构件黏接的问题，如图4-31所示。

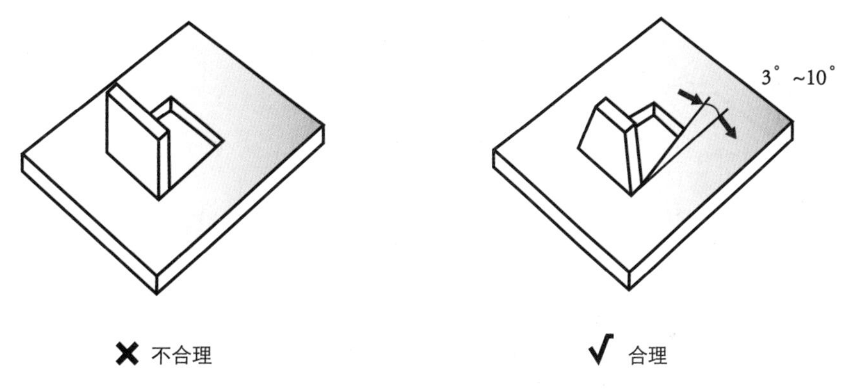

图4-31 切割面留角度

(9) 充分考虑后续工艺，比如冲孔后还需折弯的板材，要充分考虑冲孔的位置，以避免部件的变形，如图4-32所示。

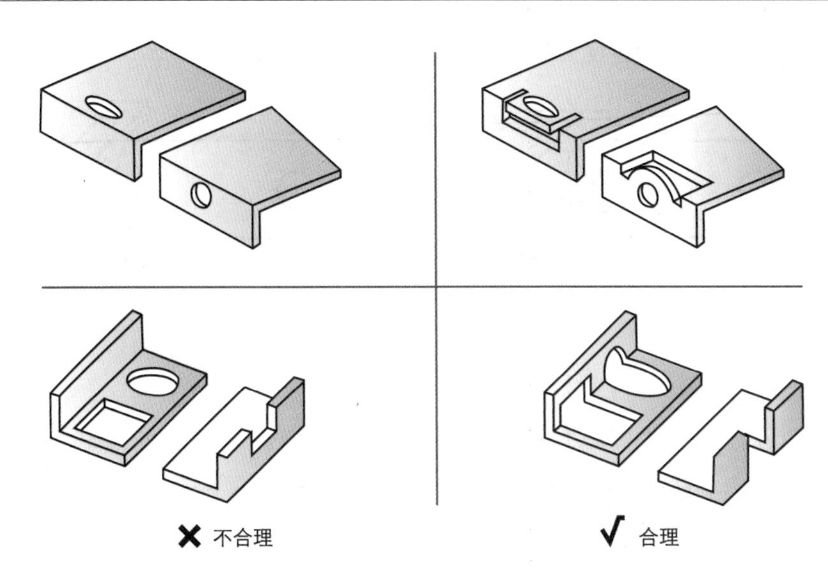

图4-32　折弯结构原则

(10) 最小弯曲半径。钣金折弯时可能会发生塑性变形，外层材料纤维受到拉伸，内层受到压缩，中间区域没有尺寸变化。弯曲时，内层圆角越小，外层的拉伸和内层的压缩就越严重，内层圆角角度过小会让外层的拉伸应力超过材料的极限，产生折断或裂缝；内层圆角过大，则会由于金属材料属性产生回弹，影响产品的形状和精度。

一般情况下，最小的折弯半径为：钢材-$R \geqslant 1.0t$；铜-$R \geqslant 1.5t$；铝-$R \geqslant 2.0t$；不锈钢-$R \geqslant 1.5t$(t=材料厚度　R=最小弯曲半径)。

(11) 褶边处理。有的设计里使用钣金薄板褶边，是为了加强钣金边缘处的强度或防毛刺，无须再进行打磨处理，如图4-33所示。边的最小长度和材料厚度 t，以及前道工序中的折弯半径R相关，$L \geqslant 3.5t+R$。

钣金薄板褶边一般适用于不锈钢、镀锌板、覆铝锌板等，不适合于加工电镀件。

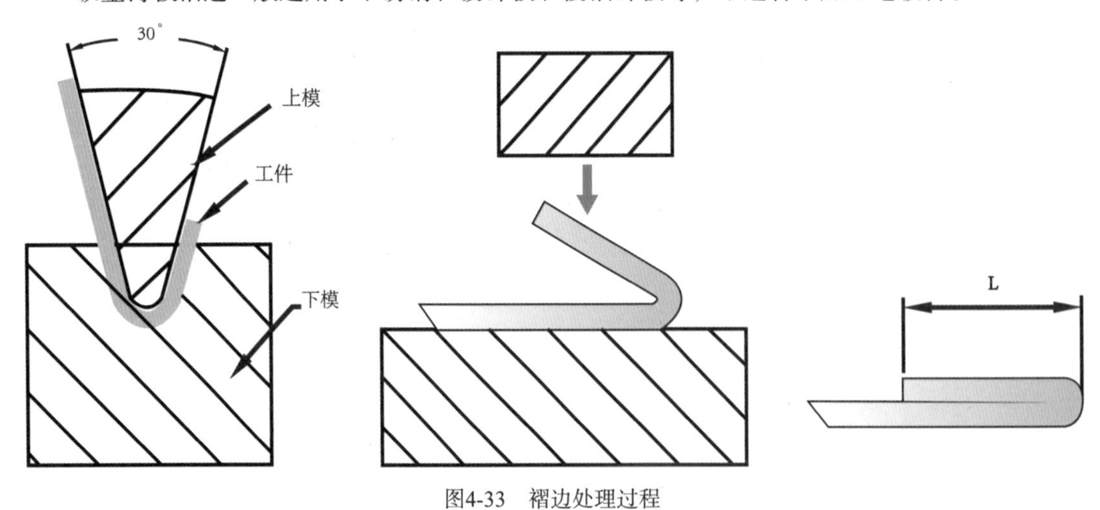

图4-33　褶边处理过程

4.4.3　钣金加工案例分析

德国的“工业伙伴”设计公司设计的家用热泵空调机，就是一个以钣金加工为主要工艺的产品，如图4-34所示。

图4-34　热泵空调机

该热泵产品针对德国市场，其售后最重要的问题就是运输和安装，但德国的人工费用昂贵，所以通常运输和安装热泵空调产品的只有一名专业工人。针对这个问题，设计师对结构设计进行优化，将整体结构以模块化方式处理，保证单人可以完成运输、安装和维护等操作。优化后的产品效果及结构，如图4-35和图4-36所示。

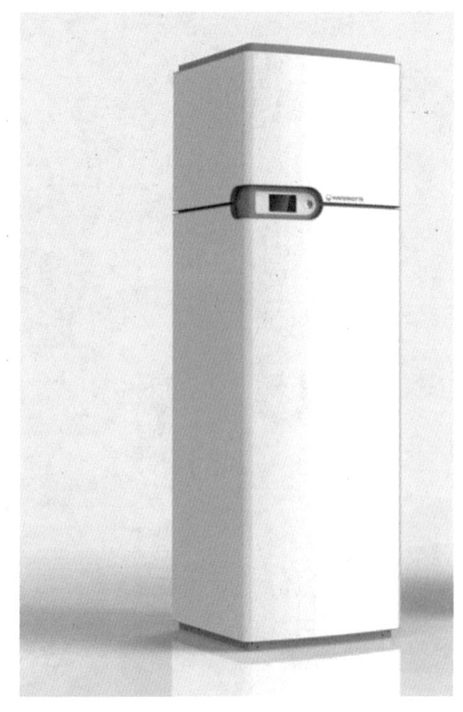

图4-35　产品效果图

图4-36　产品结构图

模块化的外壳安装方式，不仅简化了加工流程，而且降低了在运输过程中可能对产品部件造成的损害，如图4-37所示。同时，金属框架作为通用模块化部件可应用于不同的产品系列，极大地降低了生产成本。

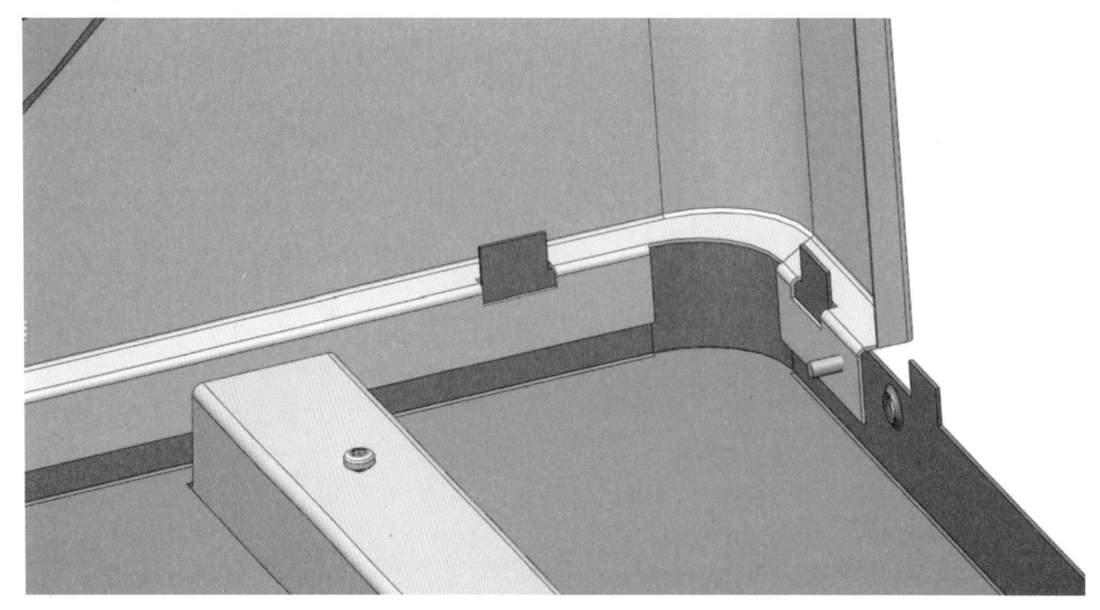

图4-37　产品结构安装细节

外部壳体钣金的弯曲弧度也是经过设计计算，制作配套滚压模具生产制作，如图4-38所示。该设计改变了钣金工艺产品见棱见角的印象，更适合家用环境。

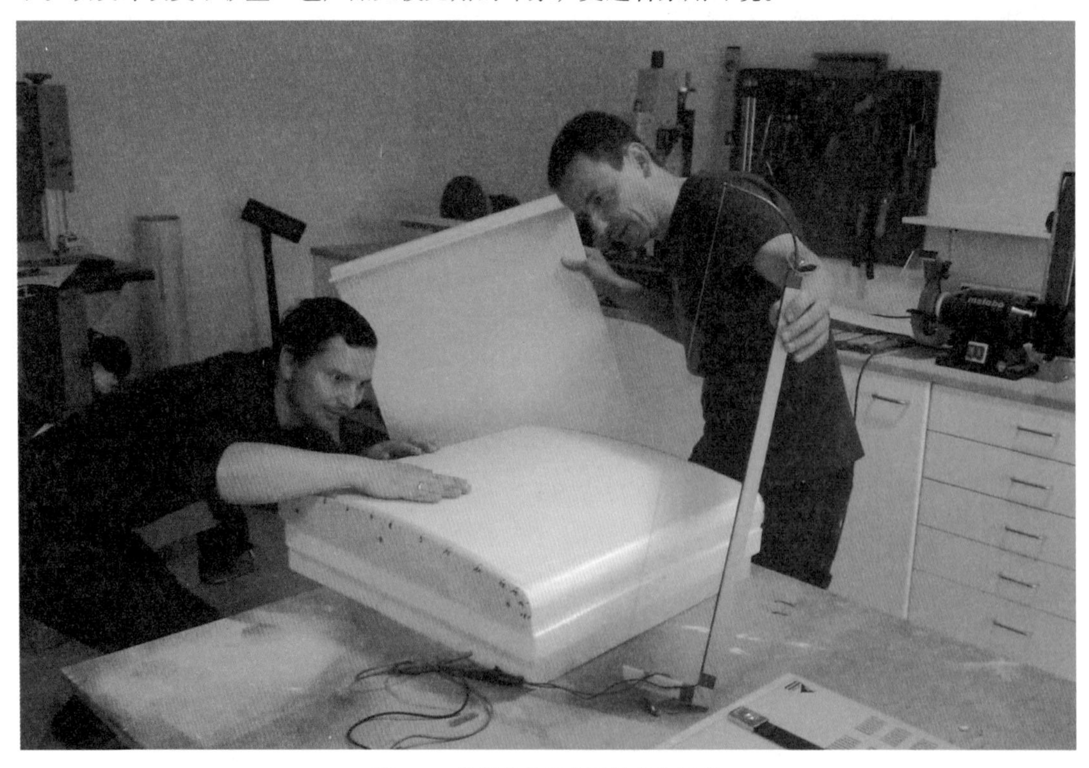

图4-38　外部壳体钣金设计弯曲弧度

部分注塑件的使用起到了对一些不美观的钣金结构遮挡的作用，如图4-39所示。其中，操控面板作为模块化部件统一装配。

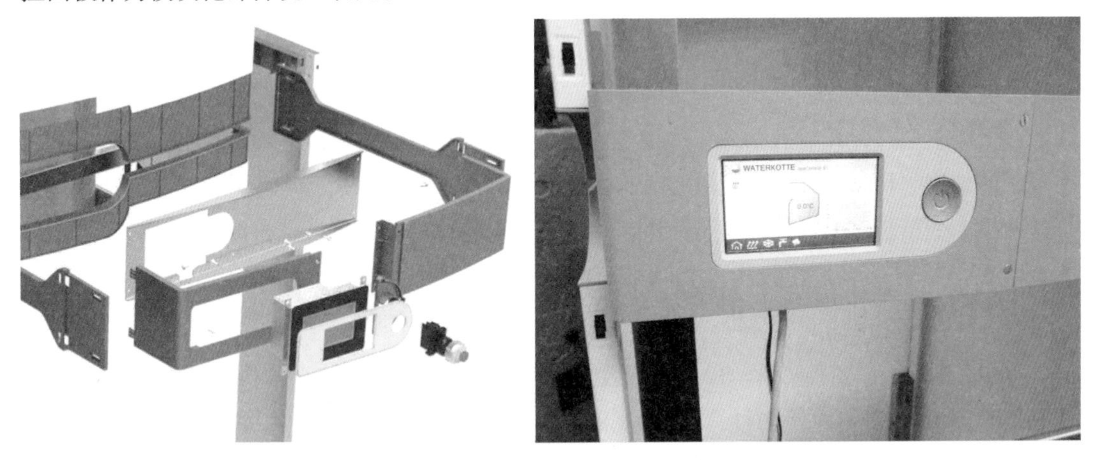

图4-39　注塑件与钣金件结合的设计

最终这款产品通过巧妙的结构设计，解决了生产、运输、安装等问题，产品的外观设计也获得了众多设计大奖，如图4-40所示。

图4-40　产品外观效果图

4.5 数控加工

机床，就是制造机器的机器，有时我们又称它为工作母机。机床可以让生产过程更有效率和更好地控制，从而保证批量加工出的部件有较高的质量和一致性。

在机床上通过直接输入指令来加工工件就是数控加工，其本质就是以数字的形式对需要加工对象的位置、材料特性等信息进行编程，并通过程序控制加工过程。各种机床的产生和改进都是由技术变革推进的，数控加工的兴起和发展就与计算机的发展息息相关。

4.5.1 数控加工技术的出现和发展

在第二次世界大战时期，由于美国空军需要大量精密加工的直升机螺旋桨，促使很多生产工厂开始研究如何使用计算机来计算机床的切削路径。1950年，约翰·T.帕森斯(John T.Parsons)与麻省理工学院合作研发出第一台数控机床，它被定义为由数字、字母和符号形式的指令集控制的机器，即数控加工。1952年，第一台可以三轴(三个加工平面)同步运行的数控机床，由麻省理工学院和Hydrotel公司开发成功。早期的数控加工机床，如图4-41所示。

图4-41　早期的数控加工机床

从1960年到2000年，数控机床的应用越来越广泛，此时的计算机微处理器技术发展迅速，并应用到数控机床上，极大地提高了传统数控机床的性能。这种加入微处理器的数控机床虽然成本更高，但是操作起来更方便，操作程序容易修改，也不像传统数控机床一样要求技术极为熟练的操作员，这种新型的数控机床就是数控加工机床(computer numerical control，CNC)，如图4-42所示。

图4-42　计算机数控加工机床

在数控技术出现之前，加工一个零件，机床所需输入的“信息”需要通过操作人员的经验和直觉，借助模版或是凸轮等机械辅助设备，手动输入所需加工零件的位置和加工信息，所以有耗时长、操控复杂等缺点。

最早的数控系统是通过继电器并采用接线式编程，它的电子功能单元由小而密集的电子管、晶体管和集成电路构成。但是这种控制系统已经可以通过输入数字来工作，并能够快速准确地转换加工任务，使用零件图上的参数来控制刀具的相对运动，并且具有定位测量系统，可以保证机床和工件相对运动位置的精度。

微电子、微处理器的诞生和发展对数控技术的发展起了革命性的作用，如图4-43所示。以微处理器为核心的数控系统使计算机数控技术变得更可靠，由于微处理器的运算效率高，所以能够以较高的精度控制多个加工轴，高效且低成本的特点使其得到日益广泛的应用。

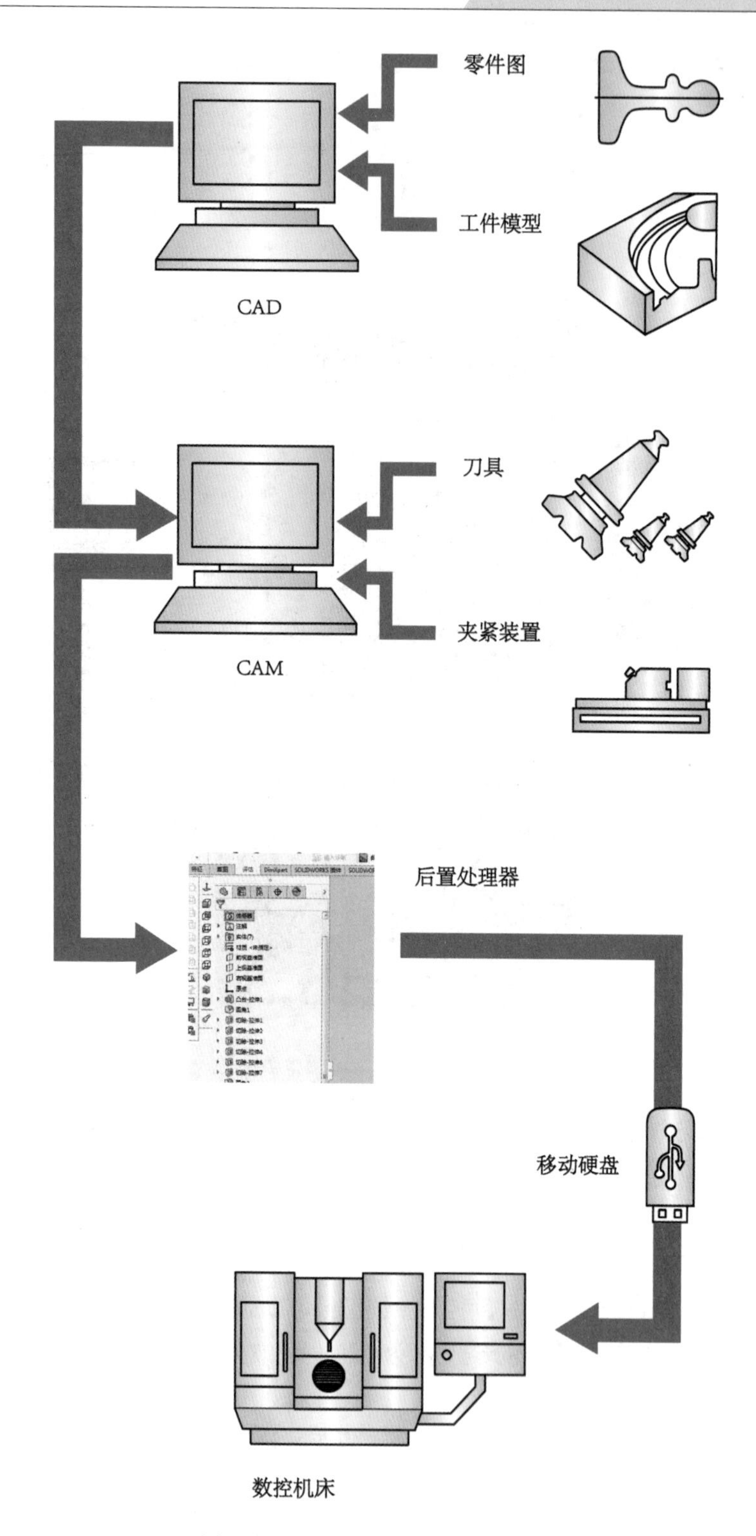

图4-43　CAD/CAM 自动数控编程原理

4.5.2　数控加工中的结构设计原则

数控加工相较其他传统加工工艺价格较高，因此缩短加工时间、节省加工坯料，以及避免其他增加加工成本的结构设计原则就显得更加重要。

1. 内部倒圆角

数控加工的刀具是圆柱体，以高速自转方式工作，所以在工作时会在内角留下圆角，如果需要所加工材料的内部为直角则需要做二次加工，无形中增加了加工难度和成本。在设计中应该尽量把产品内部角设计成圆角，圆角大小应至少是槽体深度的1/3，如图4-44所示。R角越大越好加工，加工成本也越低，因为小的刀具更容易磨损和折断，所以加工效率(刀具移动速度)比大的刀具低。如果没有功能设计上的特殊要求，所有圆角大小应尽量相同，这样整个加工流程可以使用同一个刀具，从而避免了更换刀具带来的时间损耗、定位误差等问题。

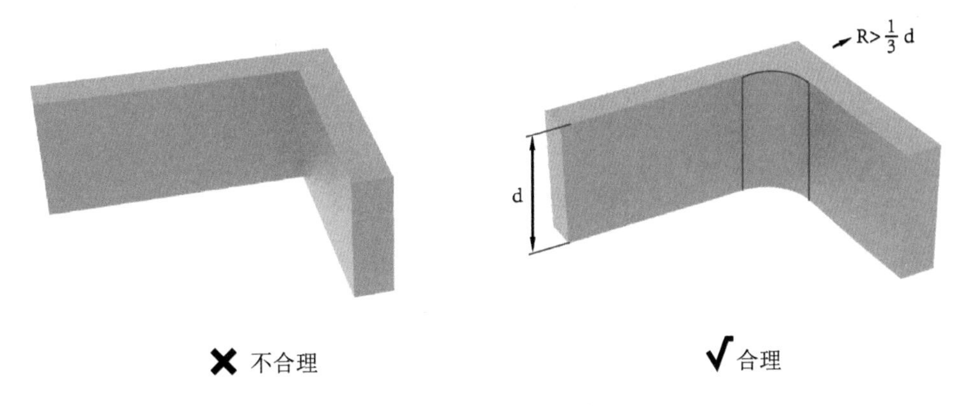

图4-44　产品内部圆角

2. 槽体深度

数控加工中刀具的加工深度有一定的限制，槽体深度是刀具直径的2至3倍时，加工表现最好。

过深的加工容易出现“弹刀”，即刀具因受力过大而产生幅度相对较大的振动，造成的危害就是工件过切和损坏刀具。在刀具直径小且刀杆过长或受力过大等情况下都会产生弹刀的现象。例如，一个直径为12mm的铣刀能够加工槽体的安全深度最大为25mm。虽然也可以加工更深的槽体，但最大不超过刀具直径的4倍，但这会增加成本，特别是当使用多轴数控机床加工时，如图4-45所示。

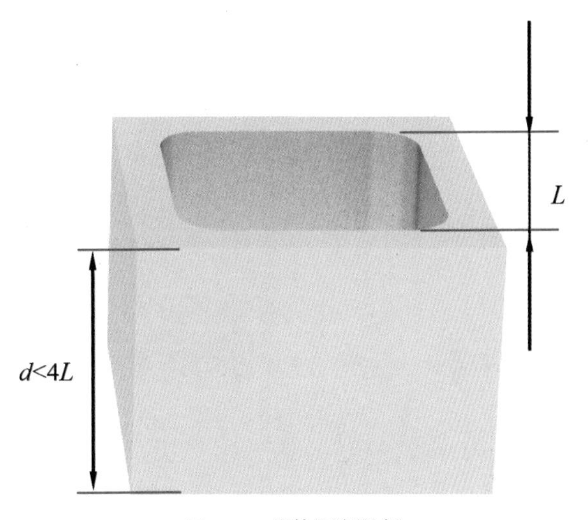

图4-45　槽体深度限制

3. 螺纹深度

不必要的螺纹深度会增加数控加工的加工成本，因为需要使用特殊的刀具。螺纹深度最多可以做到螺孔直径的3倍，如图4-46所示。

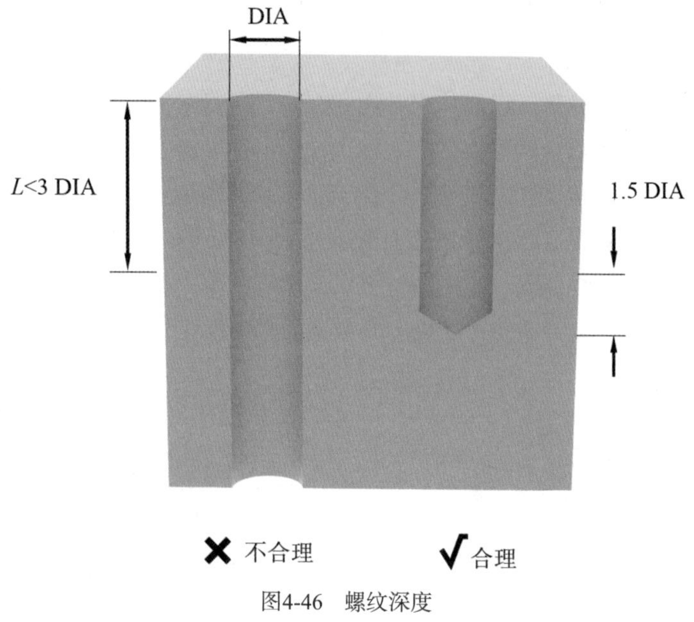

图4-46　螺纹深度

4. 避免薄壁

除非特殊要求，否则应当避免薄壁设计，因为薄壁强度较低，加工时容易变形甚至破裂。为了避免这种情况的发生，需要增加更复杂的加工路径，这会耗费更多的加工工时，造成加工成本提高。此外，薄壁更容易产生振动，高精度加工薄壁是一个很大的挑战，如图4-47所示。

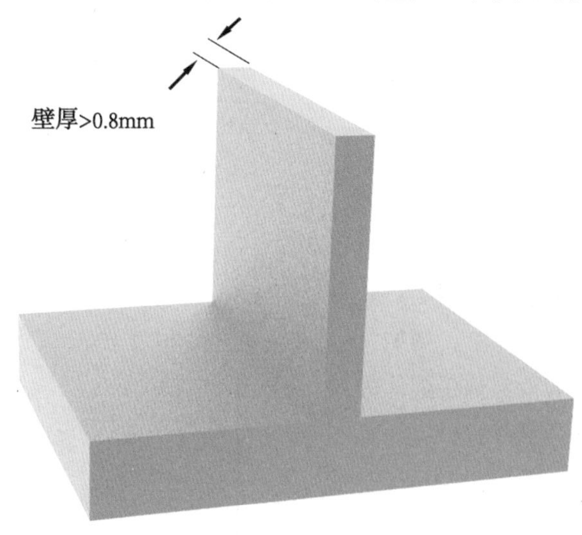

图4-47　避免薄壁设计

5. 避免较大高宽比

在数控加工中，一些具有较大高宽比的形态特征容易引发加工时的部件振动，影响加工精度。为避免这种情况，应尽量减少设计高宽比超过4的形态，如必须的话，则应当将其与较厚的壁连接或者通过加强筋支撑，如图4-48所示。

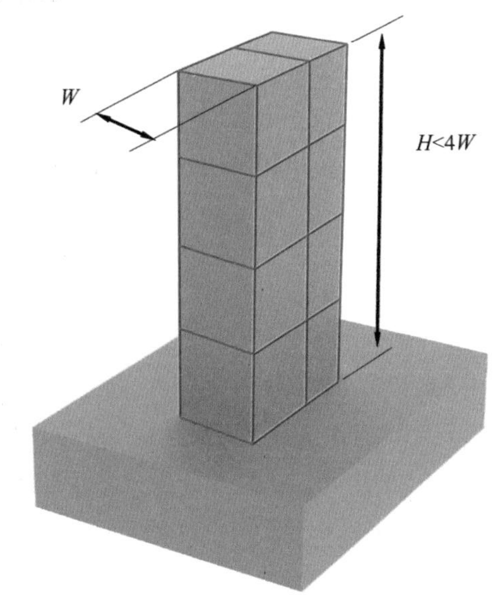

图4-48　避免较大高宽比

6. 选材

材料的加工工艺性能取决于其物理属性。材料越软、延展性越高，则越容易加工。例如，黄铜C360就有较好的加工性能，可以进行高速加工；铝合金(铝6061和4045)也可以很容易地加工。坚硬的材料对机器的损耗较大，而且加工的速度慢。例如，钢的加工性能较低，相对于铝合金，钢需要2倍以上的加工时间。不同钢之间的加工性能也不同，不锈钢304的加工工艺性能指数为45%，而不锈钢303的指数为48%，后者更容易加工。

7. 拆件

应尽可能减少加工部件装夹次数，最好只需装夹一次。例如，一个两侧具有盲孔的零件就需要两次装夹，一侧加工完成后再旋转部件并重新装夹，才可以加工另一侧。旋转或重新定位部件会增加加工成本，因为装夹动作一般是通过人工完成。另外，对于复杂零件结构，需要定制装夹治具，也会增加成本。特别复杂的零件结构可能需要多轴数控机床，会进一步增加成本，因为多轴数控机床的小时费率很高。

可以考虑把复杂结构分成多个部件并分别进行数控加工，然后再通过螺纹或焊接紧固成一体，如图4-49所示。

8. 批量生产

在数控加工中，加工数量会影响加工成本，这是因为在数量需求较少时，数控加工的初始安装调试成本分摊到每一个零件上的费用就会比较高。当批量较大时，安装成本分摊到每一个部件上的费用就会比较小。因此，加工批量越大，成本越低。

图4-49　分成多个部件

4.5.3　数控加工案例分析

数控加工非常适合被运用在形状复杂精确的产品上，但是由于它加工工时相对较长，加工产品的表面粗糙度依赖原材料的材质特性，最重要的是加工成本昂贵，所以大多数厂家认为它适用于单件、单次或是小批量生产的产品，不适用于大批量生产。然而，苹果公司(Apple)的产品改变了这一传统，从iPhone 5的局部铝合金外壳，到Mac Book笔记本的一体成型外壳，再到在美国本土加工的Mac Pro，苹果公司创造性地应用数控加工工艺，生产并开发了一系列具有开创意义的产品，如图4-50所示。

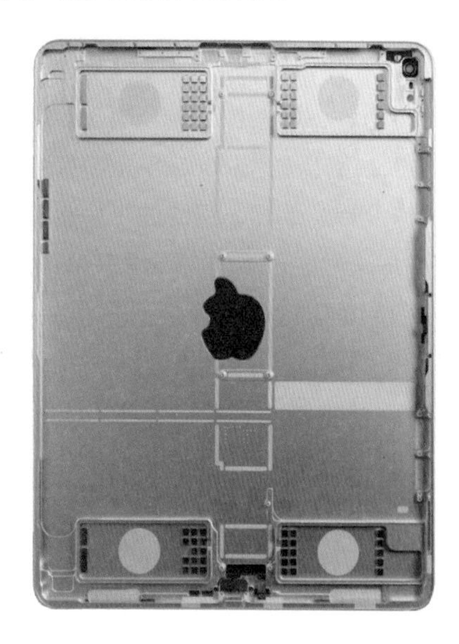

图4-50　苹果公司产品内部结构

如果我们拆开苹果的产品，会看到里面的结构非常简洁精细，而它采用这样的结构设计，不仅是因为产品本身结构设计的需求，还有很多其他方面的考虑。比如，考虑到方便维修的设计策略，苹果的产品如果没有掌握正确的开启方法，外行人是无法轻易拆解的。但是以iPhone 5为例，打开后结构非常清楚，可以看到更换频率较高的零件，如图4-51所示。再有就是一些结构的设计细节考虑到了制作和组装，如iPhone 5内部结构连接部分通过简单的切削就能完成，通过调整螺丝孔的角度，还可以提升组装的效率。

图4-51　iPhone 5内部结构照片

苹果公司的前首席设计师乔尼•艾夫(Jony Ive)在一次采访中就曾提到，苹果的设计团队在进行产品设计时会花大量时间研究各种原材料的特性和质感，并在与生产商进行互动后，不断地对设计进行改进。所以他们绝不是单纯地做外观设计，而是将材料特性和工艺流程都融入设计考量中。我们在苹果的一些产品中，不但可以看到外观上的精益求精，还可以看到设计人员为了达到设计的本意，把创新带到加工技术和加工工具中。在苹果2012年发布的iPod touch的机壳内部我们可以看到许多明显的切削痕迹，它们在切削之前是一个个小小的突起，这些突起实际上是为了加工时定位和固定位置用的，当完成加工处理后，会将这些突起削除，如图4-52所示。这无疑是一个将加工的机壳和模具一体化的创新。

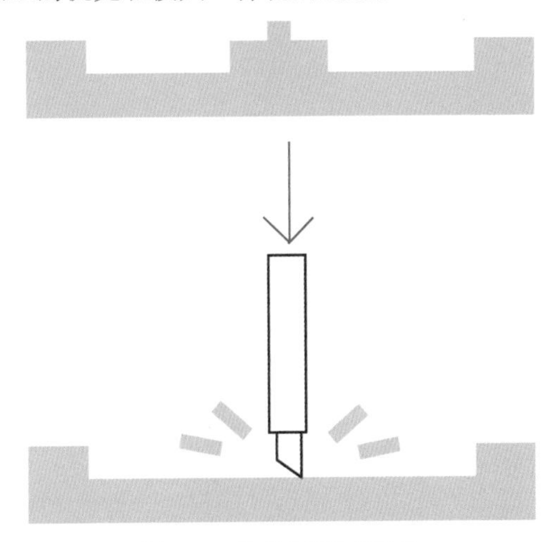

图4-52　机壳内部突起结构

一些产品的细节部分普通刀具可能无法达到，需要专门设计特殊的刀刃去加工，这也体现出苹果公司对于产品设计的精益求精。从2010年开始，为了达到设计的结构细节，苹果就开始采用盘状刀刃来加工机壳的部分结构。

设计是一个实践学科，具体问题应该具体分析。与材料和工艺相关的结构设计细节，更是和实际项目所需的材料选择及工艺要求分不开，需要通过实践并与工程师沟通交流，实际分析产品部件的特性，从而选择合理的方案。

阅读完本章，请思考回答以下问题

1. 对金属特性的掌握在历史上对于人类有哪些意义？
2. 什么特性可以使金属改变形状，让它成为制作器物的材料？
3. 什么是铸造？在铸造常用的工艺流程里，我们有哪些基本的结构原则需要注意？
4. 什么是钣金？钣金有哪些基本加工工艺？
5. 冲切钣金材料有哪些基本原则需要注意？为什么？
6. 什么是数控加工？
7. 数控加工中有哪些基本的结构设计原则？

第5章

常用塑料材料结构设计准则

主要内容：常用塑料在结构设计中的应用，及其主要加工方法。

教学目标：通过对本章的学习，使读者理解塑料的材料结构和特性，以及常见塑料加工方法和结构设计的关系。

学习要点：常用塑料特性，热塑性塑料及其主要加工方法，3D打印。

Product Design

我们日常所使用的物品，大多数都是塑料制品。塑料，作为现代工作生活中无处不在的材料，其主要成分为加聚或缩聚反应聚合而成的高分子化合物，具有复杂繁多的品种和化学特性。从被发明到广泛使用，围绕在塑料本身的争议和话题，也一直没有停止过。尤其是当今，塑料作为污染环境的主要因素之一，常常被环保人士所批评。我们在学习中，应该如何正确认识和看待塑料，进而合理地运用塑料进行设计呢？

5.1 塑料材料应用简史

1839年，美国发明家查尔斯·固特异(Charles Goodyear)应用硫化法，优化和改善了天然橡胶的性能，开启了塑料的现代应用史。

第一个应用于工业生产的塑料是赛璐珞，它具有改写材料历史的意义。19世纪70年代，象牙制作的台球风靡美国，象牙的性质非常特别，它硬得能承受几千次高速撞击而不会产生凹陷或剥裂，并强韧得不会碎裂，它可以用机器加工成球形，而且跟其他有机材质一样可以染色，当时没有其他材料能兼顾这些特性。台球的盛行让象牙的价格水涨船高，大量大象被捕杀，以至于1867年大象首次面临灭绝。1869年，约翰·海厄特(Jone Hyatt)发明了最早的合成塑料赛璐珞(celluloid)，19世纪70年代赛璐珞代替象牙、檀木、珍珠母和玳瑁等高级材料，制作出了台球、塑料梳子、人造珠宝等各种产品，开创了塑料工业的先河。

1906年，美国化学家列奥·贝克兰(Leo Baekeland)发明了电木(酚醛塑料)，该材料具有良好的绝缘性、耐热、耐腐蚀，很快便进入了家电行业，应用在开关、灯头、耳机、电话机壳、仪表壳等产品上。第二次世界大战期间，塑料被用来制作头盔、枪支、降落伞，以及更轻便的飞机零件。

20世纪30年代，美国化学家伊尔·特百(Earl Tupper)发明生产的特百惠——食品保鲜容器，将妇女从繁杂的家务劳动中解放出来，该系列产品在20世纪60年代创造了商业奇迹，被美国消费者评为全球最有价值的二十大品牌之一。

19世纪60年代末，欧美社会变革，保守的社会观念受到自由生活方式的冲击。当时塑料的发明、应用及迅速推广也反映了新材料和当时社会文化的融合，反映在设计上的例子之一，就是意大利的未来主义设计风潮。

随着塑料的广泛使用，它的生产量不断增长，20世纪60年代，塑料的生产增长率是400%，到1979年地球上塑料的生产总量就已经高于金属了。《塑料的世界》一书中统计和预测“从20世纪50年代至2015年，人类已经生产了近83亿吨塑料，其中63亿吨已经成为垃圾。如果按这样的趋势推算，在未来的30多年中，将有三倍于此的塑料垃圾产生在我们这个星球上。”由于塑料不能很好地被自然降解，与有机垃圾相比，它的分解需要数百年甚至千年，因此塑料垃圾对于地球环境、海洋生物和我们人类自身的影响，已经严峻到无法置之不理了。但在另一方面，塑料的优势相比其他材料又显而易见，它容易制造、价格低廉、用途广泛。试想如果我们用玻璃和纸去替代塑料，生产成本会高很多，而且纸张的主要材料来自树木，如果大量使用也会造成树木的过度砍伐以致引发环境灾难。而作为现代人离不开的电子产品，如智能手机、笔记本电脑等，如果没有塑料作为原料支持，也会遭受巨大的影响。所以，如何“正确”设计、生产、使用、回收及再利用塑料，成为21世纪最为重要的问题之一。

5.2　常用塑料概述

日常生活中最常见的几种塑料，包括制作塑料袋的聚乙烯(polyethylene)、制作医用输血袋的聚氯乙烯(polyvinyl chloride)、制作塑料盒的聚丙烯(polypropylene)……它们的英文名称前缀都是poly，来源于单词polymer，也就是“聚合物”的意思，指有很多重复的单元组成的物质。

聚合物在我们的生活中无处不在，自然形成的聚合物，如虫胶、琥珀、天然橡胶等，人工合成聚合物，如塑料等。聚合物是一种长链化合物，其长链由很小的重复单元、单体组成。在有机化学中，聚合物链不同于其他链状分子结构，因为聚合物的链比它们(如醇或有机酸)长得多。塑料作为人工聚合物，是由重复的单体结构构成的长链高分子结构，不同的塑料常因其不同的单体成分而命名，如聚乙烯的单体成分是乙烯(ethylene)、聚苯乙烯(polystyrene)的单体成分是苯乙烯(styrene)、聚丙烯的单体成分是丙烯(propylene)。举例来说，聚乙烯的单体成分乙烯的化学式为C_2H_4，如图5-1所示；形成长链后的聚乙烯分子结构，如图5-2所示。

```
H       H
 \     /
  C = C
 /     \
H       H
```

图5-1　乙烯的单体化学式

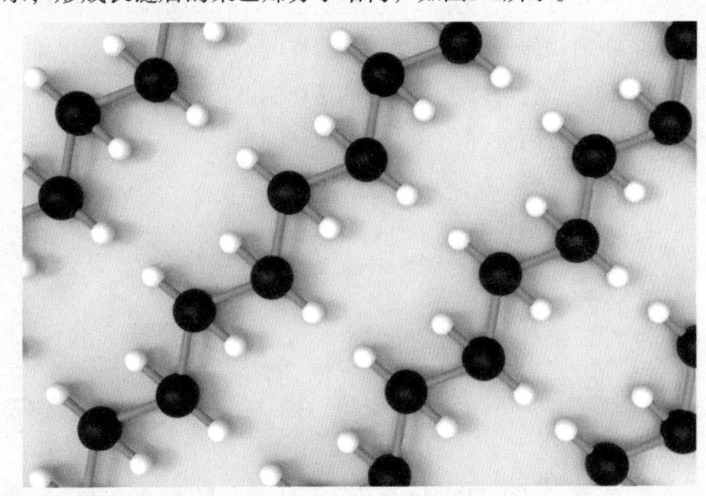

图5-2　聚乙烯的长链结构

聚合物链如何排列和保持稳定，也会决定聚合物的不同性质。比如，上面我们提到的聚乙烯，聚合反应后分子链上没有支链，分子链排布规整，具有较高的密度时，我们得到的就是高密度聚乙烯。它的特点是高度结晶，在外观上呈现不透明的状态，强度较高，所以经常用来制造瓶子，以承装饮料、牛奶等液体。而在高温高压下的自由基聚合而成的低密度聚乙烯，由于在聚合反应的过程中发生链转移反应，在分子链中生出许多支链，从而妨碍了分子链的整齐排布，因此密度较低，如图5-3所示。我们在生活中用它来制作保鲜膜、塑料袋等产品。除此之外，根据密度和聚合物链上的横向侧链，聚乙烯还可分为超高分子量聚乙烯、中密度聚乙烯、线型低密度聚乙烯、交联聚乙烯等。

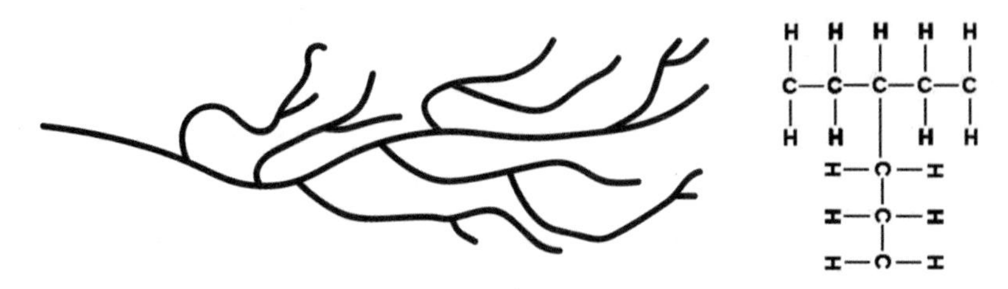

图5-3　低密度聚乙烯分子链图

塑料由于其内部分子结构不同，而造成其特性及后期加工工艺不同。根据内部分子结构和由此产生的特性，塑料分成热塑性塑料、热固性塑料和弹性体。该名称遵循加热过程中材料机械行为的明显差异。

热塑性塑料的微观分子结构像无数条珍珠项链，彼此交错不搭合，如图5-4所示。这样的分子结构让热塑性塑料受热即可融化，方便用多种工艺加工，如注射成型、吹塑成型、挤出成型、吹膜成型、滚塑成型及真空成型等。热塑性塑料可以被多次反复融化，使用后通过回收实现再利用。热塑性塑料通常可以被重复利用七次，为保证其力学性能在重复利用时还需有其他添加。

热固性塑料的分子结构稳固，形成网状，分子链之间发生结合反应，形成“交联”，如图5-5所示。交联点结合力强，受热时交联点不会断裂，因此材料不会被融化。热固性塑料既有液体形态也有固体形态，比如用于船体的不饱和聚酯或是我们常用的双组分环氧树脂黏剂，都是热固性塑料。它可以承受较高的工作温度，具备优良的电气性能，但是加工速度相对较慢，材料再利用回收困难。

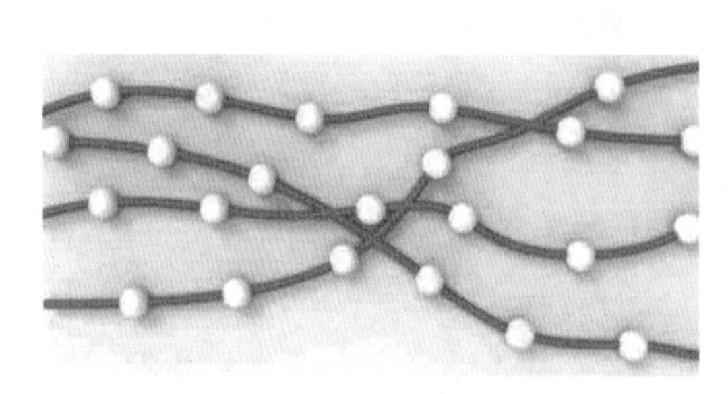

图5-4　热塑性塑料的微观分子结构

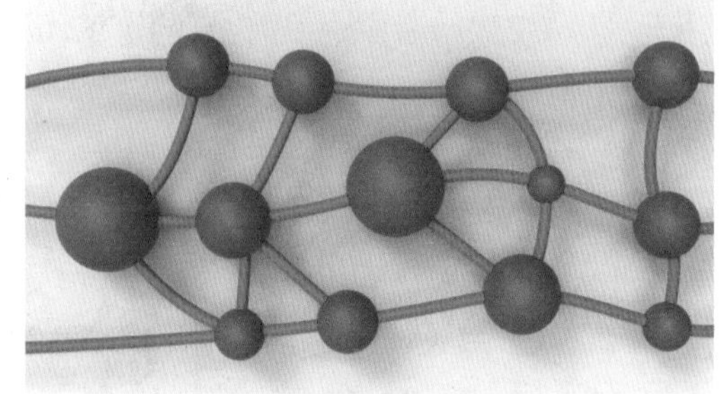

图5-5　热固性塑料的微观分子结构

弹性体(如橡胶)为无定形体，它的交联分子结构使其可以弹性变形，交联点的数量决定了压力下的硬度。弹性体主要应用于制造黏合剂、密封部件、轮胎、鞋底等产品。

5.3　热塑性塑料及其主要加工方法

5.3.1　热塑性塑料的类型

热塑性塑料因其树脂中的分子结构呈线形或支链形，又被称为线性聚合物。它在加热后成型，并可再次加热成型，是可以反复多次使用的可逆性特质，在日用品工业化生产中被广泛使用。

聚乙烯(PE)这种最常用的塑料，仅由碳和氢组成，具有非常简单的化学结构，作为包装材料被广泛使用。我们每天使用的塑料袋为低密度聚乙烯所制，虽然它不能承受高于80℃的温度，刚度和拉伸度较低，但是它具有优异的耐化学品质，可作为食品包装使用，且其成本低，而且是回收率最高的塑料材料之一，如图5-6所示。高密度聚乙烯具备耐腐蚀的性能，可用来制造化工管道、阀件，以及垃圾箱等大型产品，如图5-7所示；利用吹塑工艺，也可制造药瓶和其他容器，如图5-8所示。

图5-6　低密度聚乙烯塑料袋

图5-7　高密度聚乙烯垃圾箱

图5-8　高密度聚乙烯药瓶

另外一个常用且分子结构简单的热塑性塑料是聚丙烯(PP)。1954年被发现的聚丙烯，如今是继低密度聚乙烯之后市场上使用最为广泛的第二大类热塑性塑料。聚丙烯的抗疲劳性极强，常被使用于铰链的制造，或是制作如泵叶轮、汽车零件等一般结构件。在日常产品设计领域，还被广泛应用于盒子、浴盆及塑料板条箱的制作，如图5-9所示。它同样是具有优良化学品性，且密度低、成本低的热塑性塑料。

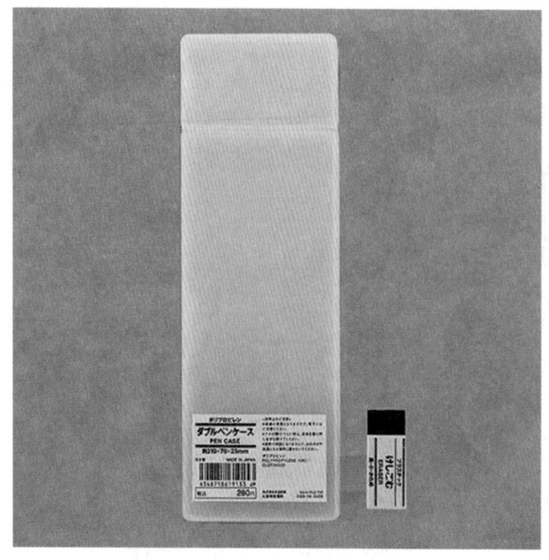

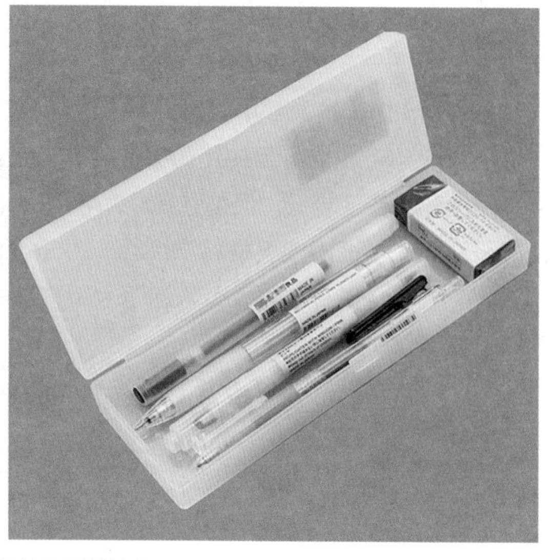

图5-9　无印良品的聚丙烯笔盒

作为每年年产量超过两亿吨的聚氯乙烯(PVC)，是第三大类热塑性塑料。它的分子结构和上面介绍的聚乙烯、聚丙烯不同，在分子链中除了碳和氢，还有氯。作为一种无定形聚合物，聚氯乙烯有着极多的性能变化(改性)，它可以被生产为硬质、半硬质，以及软质等不同的类型。软质的聚氯乙烯可以被用来制造一次性输血袋或橡胶手套，如图5-10所示；半硬质聚氯乙烯则是生产电缆护套的主要材料；而硬质聚氯乙烯则常用于插头、开关，以及一些绝缘件的制作，如图5-11所示。

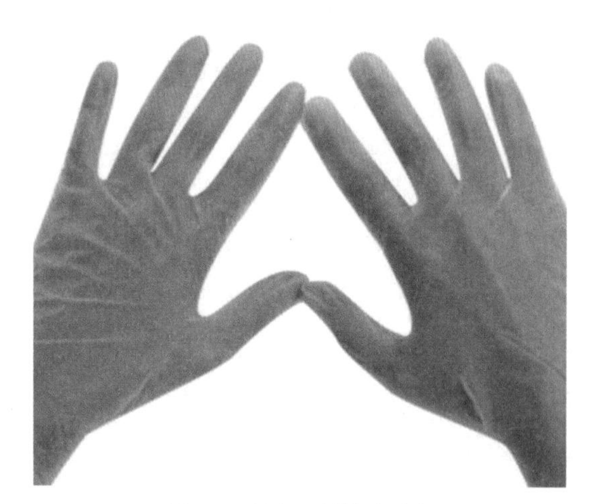

图5-10　聚氯乙烯橡胶手套

图5-11　聚氯乙烯插头

5.3.2　热塑性塑料的加工方法

1. 注射成型

注射成型是应用最广泛的热塑性塑料成型工艺，可以实现自动化和大批量生产，如图5-12

所示。实现注射成型的注塑机一般由两个部分组成：注射单元(填充和塑化)和合模单元(固定动模和定模)。因为塑料原料具有可挤压性和可模塑性，在注射成型工艺中，将颗粒状或粉状物料从注射机料斗送入料筒内，经过加热高温熔融成为黏流态的物料，在柱塞或是螺杆的高压推动下，通过喷嘴注射进入闭合模具中。保压冷却后，开启模具即可得到我们所需的塑料制品。

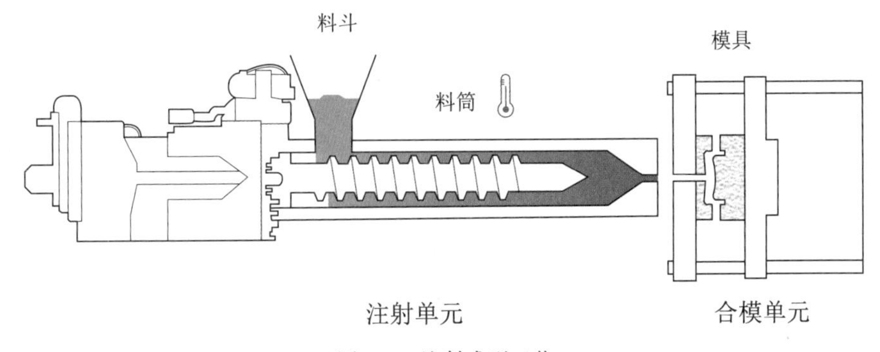

图5-12　注射成型工艺

注射成型的特点：可以生产形状比较复杂的产品；具有非常高的生产率；生产产品的尺度范围广(小到手表中的齿轮，大到卡车车身零件)；双色注、三色注的注塑工艺，还可以同时注塑不同塑料物料；可包覆金属零件成型(如汽车安全带锁扣)；可生产A级表面的部件；可快速自动后处理加工(如快速去除浇口和流道)。

2. 挤出成型

挤出成型是指借助螺杆或柱塞的挤压作用，使塑化均匀的塑料强行通过模口而形成具有恒定截面部件的成型方法，如图5-13所示。挤出成型是热塑性塑料常用的加工工艺，主要用来制造管材、型材、片材、薄膜、电缆电线的包覆，以及单丝等。

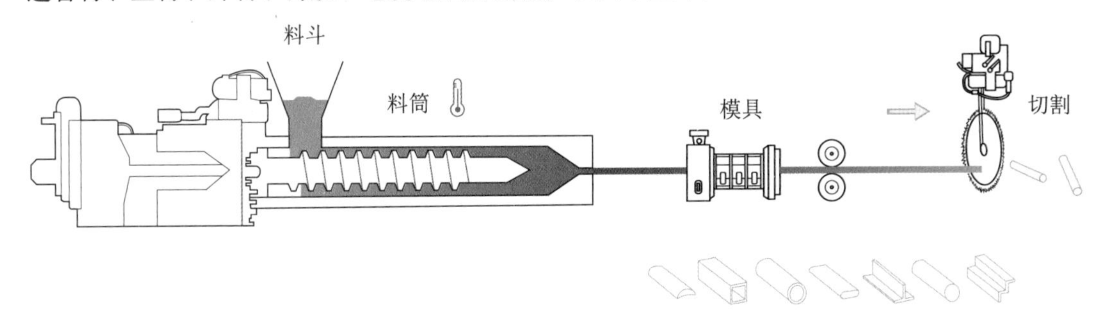

图5-13　挤出成型

3. 吹塑成型

吹塑成型，全称中空吹塑成型，顾名思义是将热塑性材料加工成中空产品的全自动化加工工艺，如图5-14所示。吹塑成型不适合所有塑料，只能加工相对黏度较高的特殊等级塑料，如聚乙烯、聚丙烯、聚氯乙烯、聚对苯二甲酸、聚酰胺等。吹塑成型的方法很多，如挤出吹塑、注射吹塑、多层吹塑、片材吹塑等。

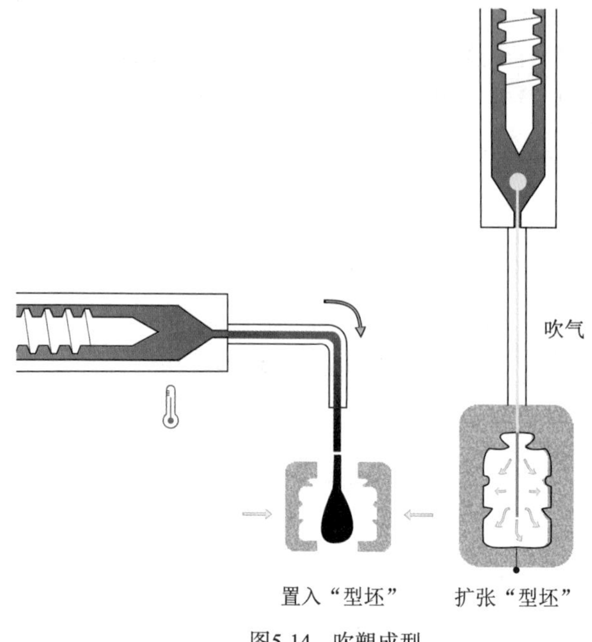

图5-14 吹塑成型

综合了吹塑成型和注射成型技术的注射吹塑成型工艺，兼具了两者的特点，我们在市面上常见的各类饮料瓶和精细的包装容器都使用了这种加工工艺。该工艺是先注射成型一个“预制的型坯”，然后将这个型坯在模腔中加热、吹胀，最后冷却成型。

5.4 塑料产品结构设计原则

在我们设计塑料产品和部件的时候，要考虑到塑料本身的特性和成型工艺的要求。塑料和我们之前介绍的金属相比，具有重量轻、机械阻尼优异、热电绝缘、设计自由度高等特点。但是，它的刚度和强度与金属相比处于劣势，对于高温也比金属更敏感，而且塑料虽不会像金属一样容易被腐蚀，但是同样会受到环境的影响，比如受到不同的化学物质、微生物或辐射的影响，而导致脆裂。因此，在对塑料产品结构进行设计前，设计人员应根据塑料的属性进行规划。

5.4.1 塑料产品结构设计要点

1. 部件壁厚

部件的壁厚与塑料品种、部件尺寸及成型工艺相关。设计师在设计塑料部件壁厚时，还需考虑这个部件所要承受的载荷，使用环境的影响，以及预计使用生命周期。

壁厚大小，是塑料部件结构设计的第一原则。壁厚过小，可能出现不能满足功能和负载、不利于产品装卸和运输、产品从腔模中脱离变形、大型复杂部件不易充满模具型腔等问题。壁厚过大，容易浪费材料并增加重量和成本、增加成型和冷却时间，进而产生生产率降低、部件存在气泡和缩孔等问题。

壁厚越大的部件收缩率越高，如果部件壁厚变化较大，则会因为收缩率不同，在同一部件不同部位产生内部应力，从而导致翘曲和变形，如图5-15 所示。所以，部件的壁厚均匀是很重要的，为避免部分太厚或太薄，处理方法是将厚的部分挖空，如图5-16 所示。

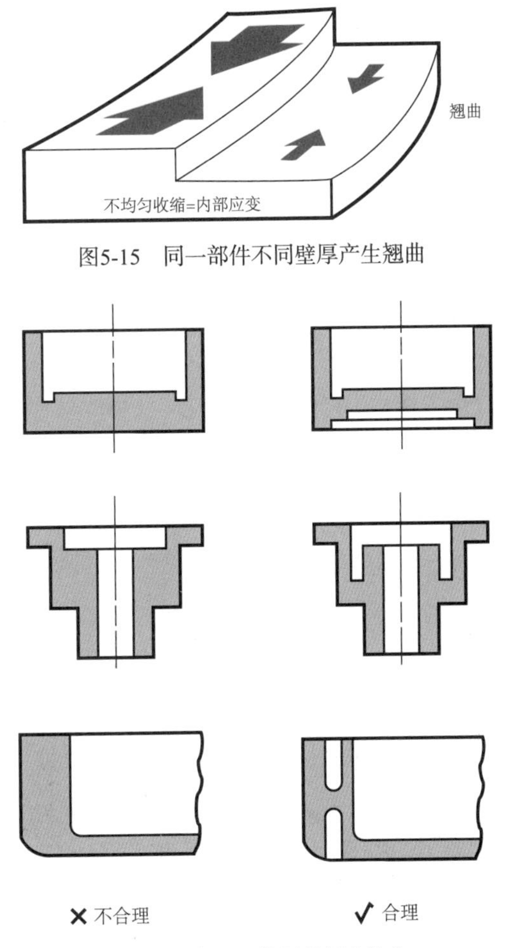

图5-15　同一部件不同壁厚产生翘曲

图5-16　合理地将厚的部分挖空

部件侧壁同样可以通过设计，增强其结构刚性，如图5-17 所示。其中，侧壁略微外凸，可减少其向中心弯曲的可能性；将侧壁向中心均匀增厚，以保持内腔形状；在侧壁设计阶梯形纹理或波形纹理，能够降低内应力，增强壁厚结构刚性。

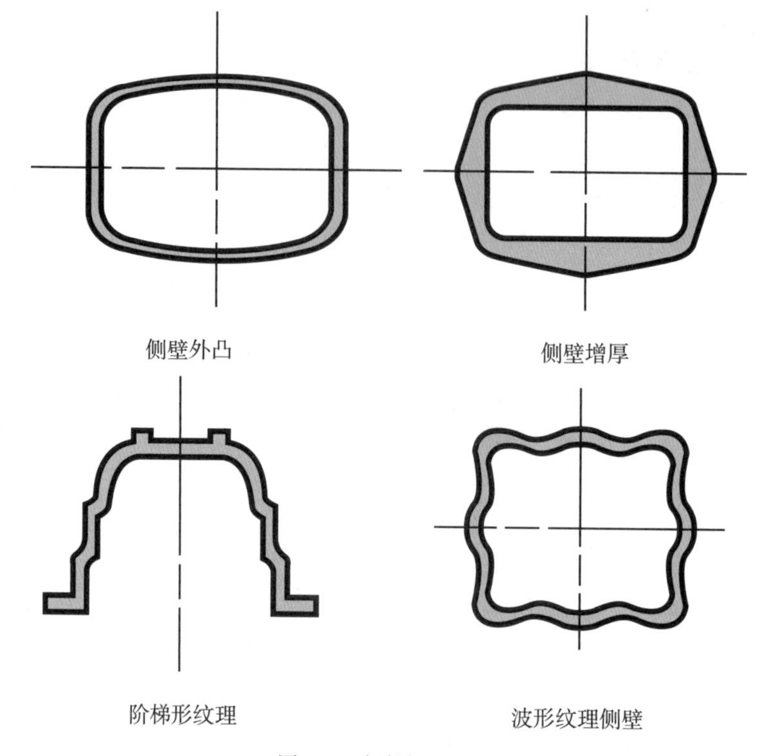

图5-17　部件侧壁设计

2. 圆角

部件的内部和外部都需要尽量避免尖角，因为尖角会阻碍塑胶熔料的流动，导致产品外观缺陷；同时在尖角处容易产生应力集中，降低零件强度，使零件在承受载荷时失效。所以，为了部件的光滑过渡，同时保证机械强度，我们应当在设计中注意圆角的应用。

一般情况下，塑料部件截面连接处的内部圆角R为$0.5H$，外部圆角R_1为$1.5H$，如图5-18所示。以倒圆角的方式可以减少零件连接处应力集中的问题，并保证均匀的壁厚。

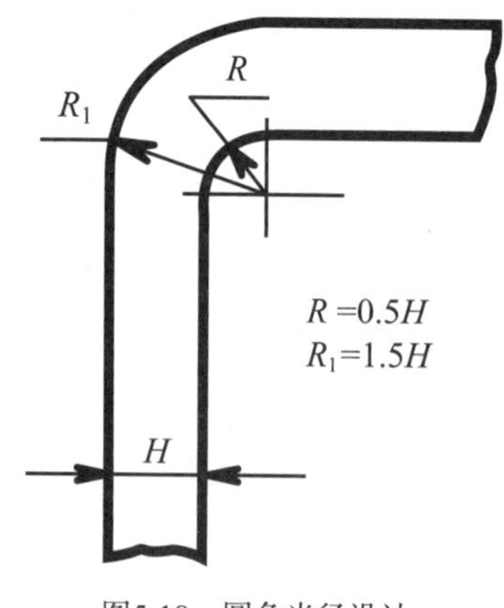

图5-18　圆角半径设计

3. 加强筋

部件壁厚过大会导致收缩而产生内应力，所以当我们想增强塑料部件的强度时，不应通过增加其壁厚实现，而应在希望得到加强的部位设计加强筋。加强筋不仅可以提高塑件强度，还可以作为流道辅助熔料流动，或是在塑料产品上起到导向、定位及支撑的作用。

加强筋的基本设计参数，如图5-19所示，包括加强筋厚度t、加强筋高度H、脱模斜度q、根部圆角R，以及两个加强筋之间的距离S、部件壁厚T。

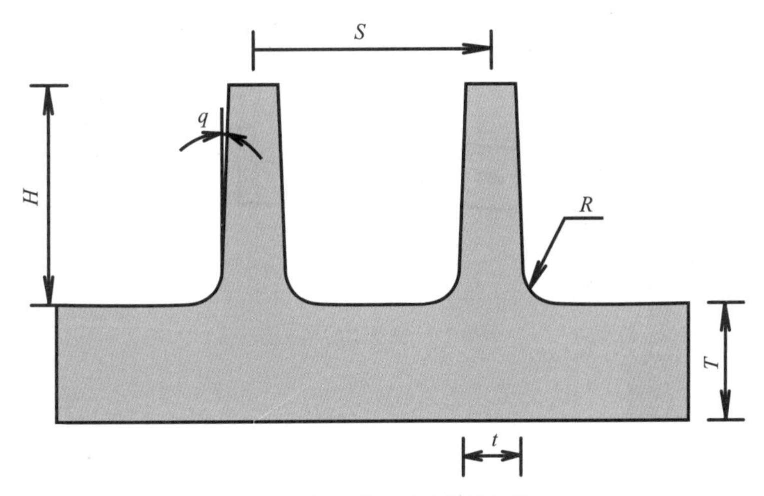

图5-19　加强筋的基本设计参数

加强筋的基本设计规范为：厚度(t)不应超过部件壁厚(T)的0.5~0.6倍；高度(H)不应超过部件壁厚(T)的3倍；根部圆角(R)为部件壁厚(T)的0.25~0.5倍；脱模斜度(q)一般为0.5°~1.5°；加强筋与加强筋之间的间距(S)至少为部件壁厚(T)的2倍。

在底板、平面板等平面上设计加强筋时，应保证加强筋的壁厚，使其排布均匀，可减少平面部件的翘曲，保证部件的平整度，如图5-20所示。如果同一平面内需要多条加强筋，则其分布排列应相互错开，从而避免因收缩不均而引起的破裂，如图5-21所示。

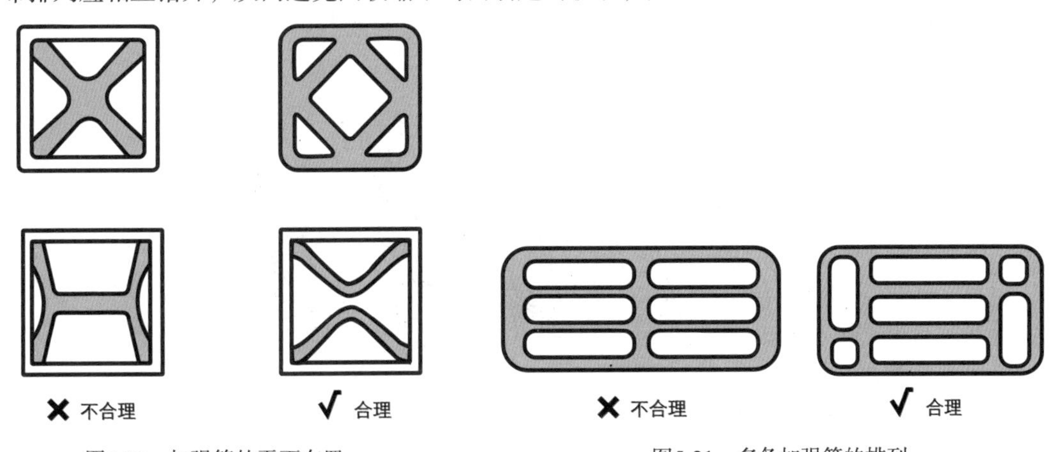

图5-20　加强筋的平面布置　　图5-21　多条加强筋的排列

当部件侧壁上的加强筋位置不正确时，会增大翘曲。所以，在肋状的侧壁上设计加强筋，可尝试在侧壁上设计横槽或配置横向的连接加强筋，可有效防止翘曲现象，如图5-22所示。

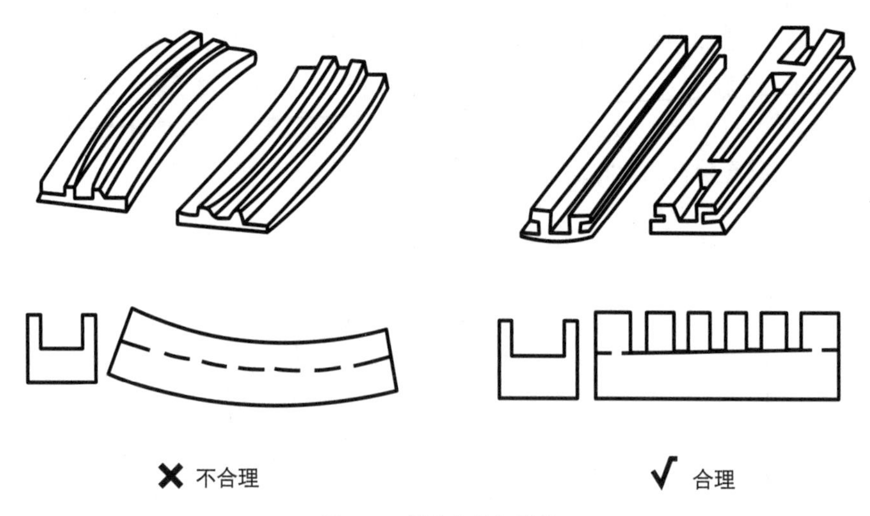

图5-22　侧壁上的加强筋

加强筋的结构和材料，与产品要求的强度息息相关。如图5-23所示，椅子底座常用的加强筋结构，从左至右部件强度依次增加，图中最右侧采用交错加强筋设计的比最左侧没有加强筋设计的椅子底座刚度要高出30倍。当我们使用铝合金材料加工椅子底部时，通常采用最左侧的结构，塑料椅子底座则采用最右侧的结构。

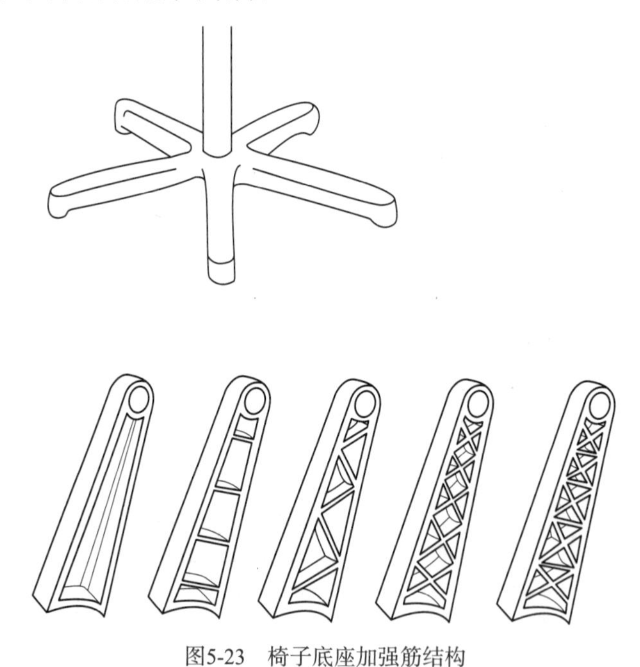

图5-23　椅子底座加强筋结构

4. 脱模斜度

从熔融状态转变为固态的塑料材料会有一定程度的尺寸收缩，为了顺利脱模，避免脱模损伤产品或部件，设计时应注意设置合理的脱模斜度，如图5-24所示。

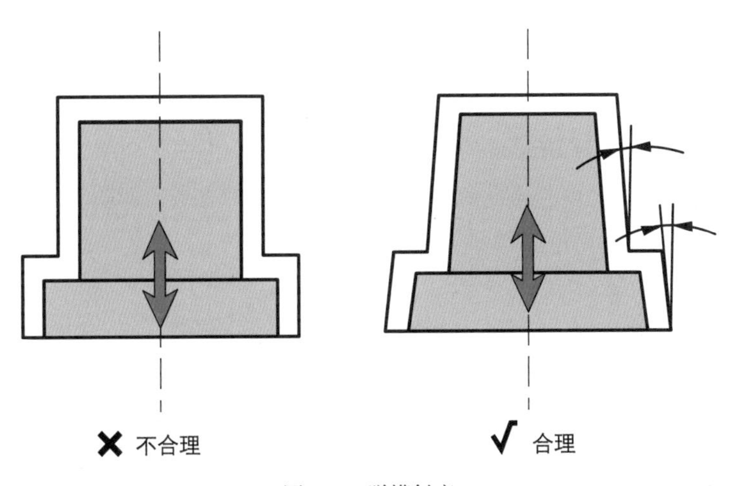

图5-24 脱模斜度

5. 浇口和熔接线

有经验的设计师通常会考虑塑料部件中浇口的位置(熔融后的材料流入模具的位置)，因为它会影响注塑过程中整个材料的填充情况，对部件的尺寸公差、翘曲变形、力学性能、表面光洁度和表面缺陷都会造成影响。所以，确定浇口位置需考虑材料的特性，比如半结晶工程塑料产品要避免锥形潜浇口，避免将浇口放置在高负荷的位置，尽量把浇口放置于壁厚最厚的面，采用高速注射时避免浇口太小等问题。

熔接线是由于不同方向的熔融材料前端部分被冷却后，在彼此结合的位置因没有完全融合而产生的细线，如图5-25所示。几乎所有的产品都会有熔接线，它不能完全被消除，只能被减弱。如果塑料部件或产品上有孔的话，每个孔都会有熔接线。在设计时应尽量避免对接型的熔接线。

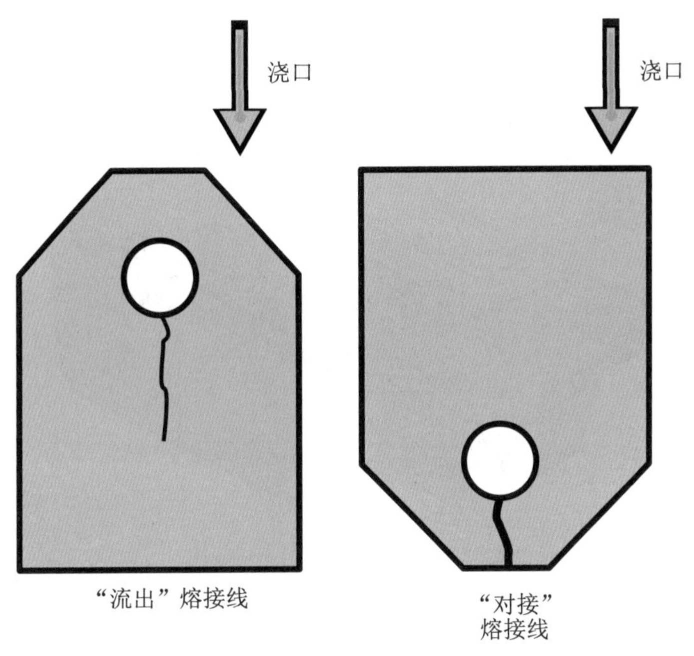

图5-25 有孔部件的熔接线

5.4.2 塑料加工案例分析

塑料的材料特性和加工特性，让塑料具有可以将多种功能集成于同一部件的优点。在瑞典塑料专家乌尔夫 • 布鲁德(Ulf Bruder)的《塑料使用指南》一书中，介绍了一个杜邦公司的带有防溅罩贮油槽产品的案例。该产品最初为全部由金属设计的方案，如图5-26所示。通过改良和优化后，部分改用塑料，如图5-27所示。

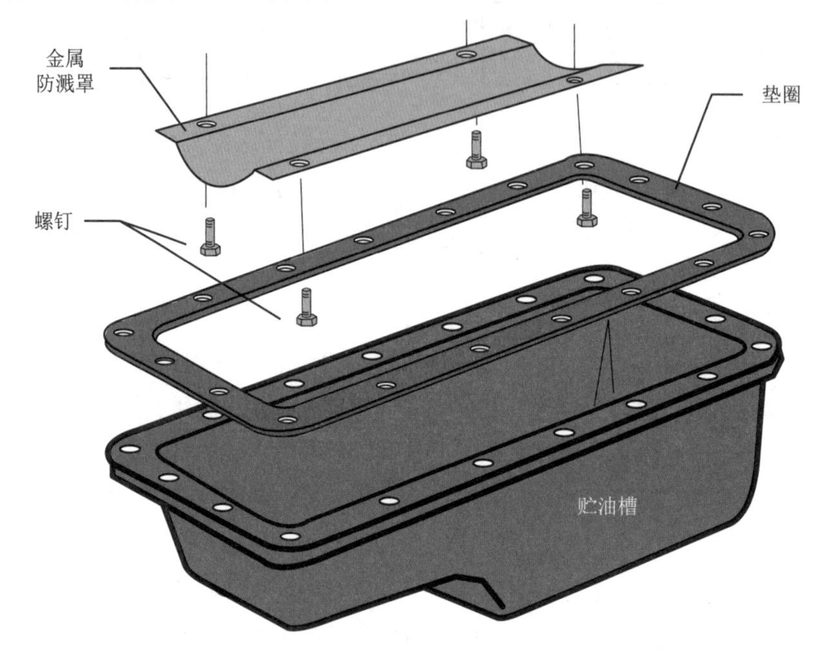

图5-26　全金属设计的结构

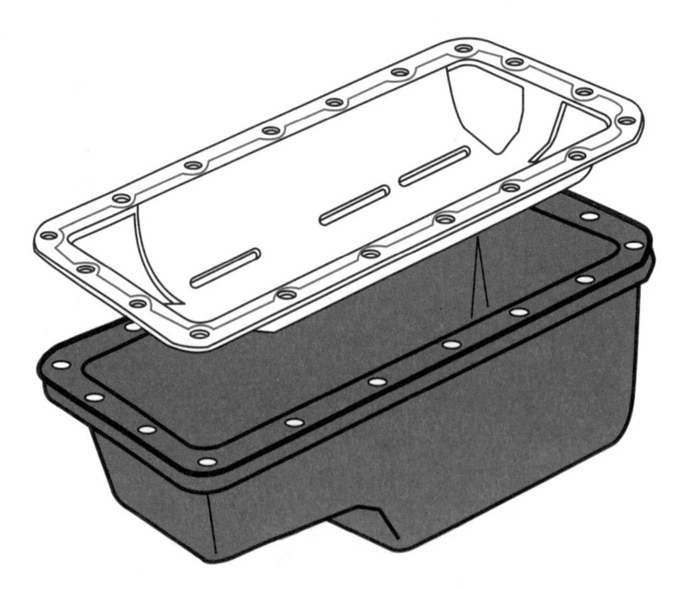

图5-27　部分使用塑料设计的结构

此后，通过不断整合新的功能，设计者将接线管、温度传感器、油尺密封及挡板保护集合于一体，极大地降低了产品生产的总成本，如图5-28所示。

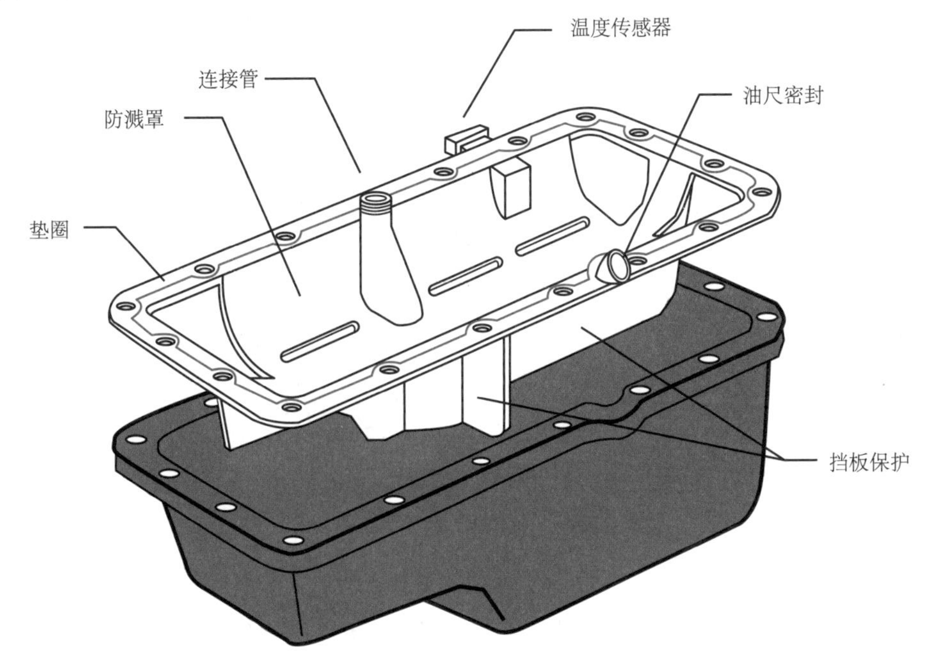

图5-28 整合新功能后的结构

这个案例说明了将材料特性、结构设计和产品设计开发统一思考的重要性，我们习惯于把材料、结构、工艺、外观等都视为相互独立的部分，在设计时单独考虑，再把各个部分拼装在一起，这种思考方式是有明显缺陷的，这一案例值得我们思考和借鉴。

5.5 生物塑料的类型及优势

生物塑料和人工聚合塑料一样，是包括不同特性材料和元素的族群材料的集合。欧洲生物塑料网对生物塑料的定义为“如果一种塑料材料具有生物基、可生物降解或同时具有这两种特性，则被定义为生物塑料。”生物基是指原料来自可再生物质，如玉米、甘蔗、纤维素等。生物降解是指该材料或材料制成的产品，可以被微生物或酶降解，在降解过程中，环境中存在的微生物将材料转化为水、二氧化碳或堆肥这样的自然物质。

一些领先的生物塑料供应商认为，生物塑料中含可再生原料的比例应为20%以上。所以，一些含有天然纤维的塑料，比如与木材、亚麻、大麻纤维混合的传统塑料，也被称为“生物复合材料”。

生物降解的特性并不取决于一种材料的基础原料，而是与它的化学结构有关，如图5-29所示。换句话说，100%的生物基塑料可能是不可生物降解的，而100%的石油基塑料也有可能是可以进行生物降解的。例如，生物基聚乙烯以甘蔗为原料制备生物乙醇，转化为乙烯，生产聚乙烯，它虽是生物基塑料，但不能被生物降解。

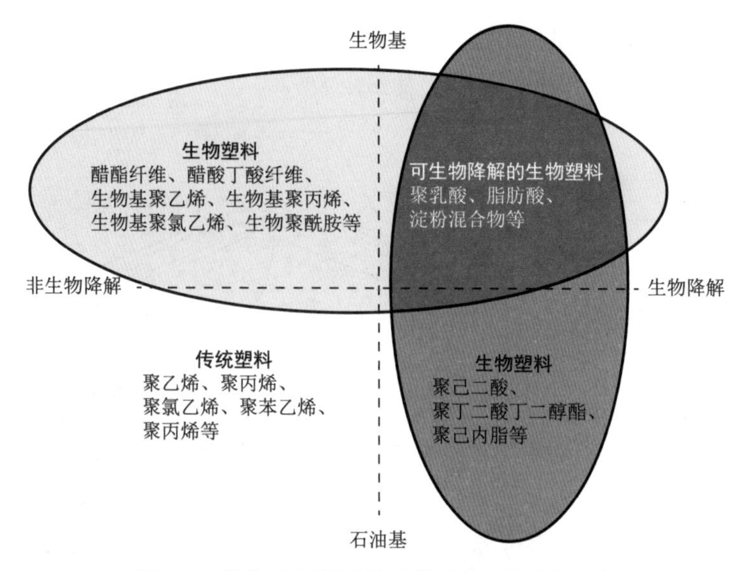

图5-29　传统石油基塑料与生物基塑料的降解分类

与传统塑料相比，生物塑料的优势在哪呢？首先，随着使用的生物塑料越来越多，我们可以降低对有限的化石燃料的依赖；其次，可为非人类食物消耗的农作物，如淀粉和纤维素等找到新的出路；最后也是最重要的，帮助人类实现温室气体减排目标。尤其是当生物塑料被设计并制造成的产品可被重新使用或回收时，它们可形成从生产到回收的封闭循环，如图5-30所示。

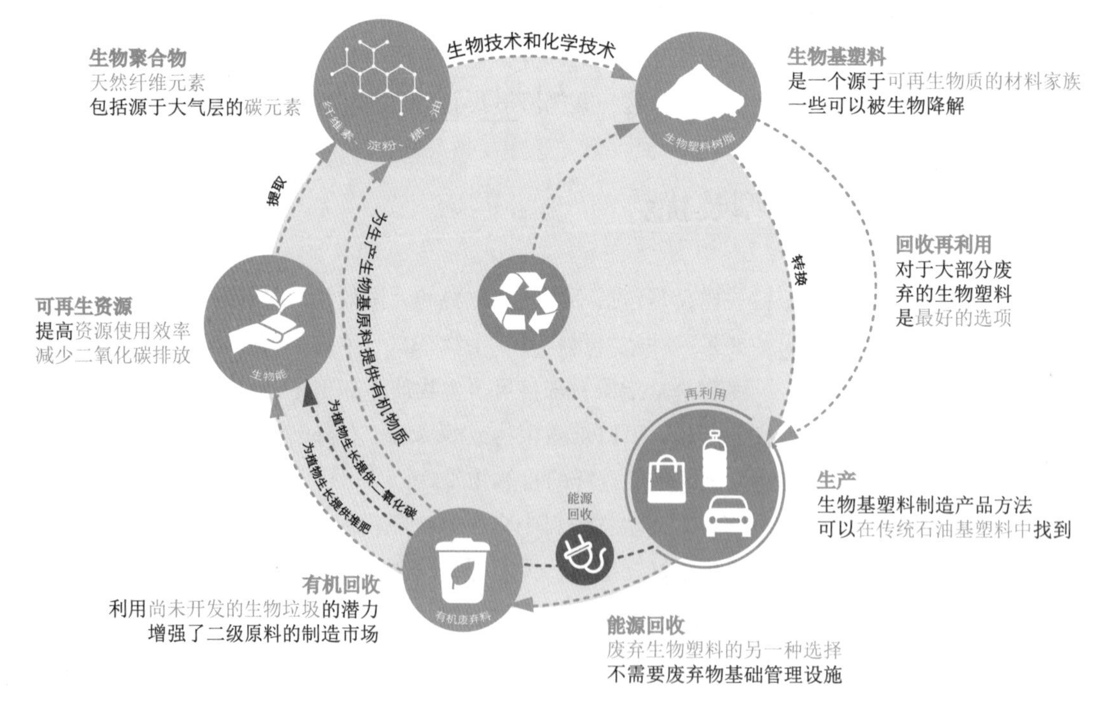

图5-30　生物塑料闭环使用流程图

5.6 3D打印技术及应用

5.6.1 3D打印概述

3D打印是一种快速原型制造技术，也被称为增材制造。增材制造是“一种利用三维模型数据，通过连接材料获得实体的工艺”。3D打印这个名称，则明确表示它可将数字化数据转变为三维实体的制造能力。3D打印的机构运动方式和数控机床类似，都是采用笛卡儿坐标，即X，Y，Z直角坐标系对硬件进行定位。然后由计算机控制三轴的运动，以此实现高精度的制造过程。

3D打印技术作为快速验证设计想法的工具，已经有四十多年的历史。1982年名古屋工业研究所的小玉英夫博士发明了激光束树脂固化系统，但由于种种原因的限制，他并没有完成专利注册。1984年，美国发明家查尔斯·胡尔(Charles Hull)提出同样的方法，并于1986年成功注册了立体光刻技术(SLA)的发明专利。此后，查尔斯·胡尔创立了3D Systems公司，并于1988年生产了第一台商用3D打印机SLA—250，如图5-31所示。

图5-31 世界上第一台商用3D打印机SLA—250

同样在1988年，美国的发明家斯科特·克伦普(Scott Crump)发明了另一种3D打印技术——熔融挤压成型(FDM)，并于1992年成立了Stratasys公司。1989年第三种3D打印技术，选择性激光烧结技术(SLS)由美国德克萨斯大学的卡尔·德卡德(Carl Deckard)发明。1993年麻省理工学院的伊曼纽尔·萨克斯(Emanual Sachs)发明了三维印刷技术，通过胶黏剂将金属、陶瓷的粉末黏合成形。1995年麻省理工大学的吉姆·布雷特(Jim Bredt)和蒂姆·安德森(Tim Anderson)对三维印刷技术进行技术优化后，成立了Z Corporation公司。1996年则是3D打印机商业化的元年，3D Systems、Stratsys和Z Corporation三家公司各自推出一台商用快速成型设备，此后这一类快速成型技术便有了广为人知的名称“3D打印”。

3D打印工艺采用不同的技术和材料，但其基本运行原理一致，设计者需要先使用计算机软件构建模型，计算机实体模型须为明确定义的闭合曲面，该模型的水平界面须为闭合曲线。数字模型转化为STL(Stereolithography)文件格式，它是一套用三角形网格描述物体表面几何形状的文件，可以利用最简单的三角形和多边形逼近模型表面。3D打印软件分析STL文件，并将数字模型分层为若干截面切片，这些截面通过打印设备层层结合为实体模型。

因材料和技术不同，3D打印的成型方式可能是半固态挤出、液态固化或粉末烧结等。我们现在所熟知的桌面级的3D打印机，基本都采用熔融挤出成型(FDM)和立体光刻(SLA)技术，主要用于快速验证设计原型与方案。

3D打印的潜力不仅仅在于让设计师快速看到设计样品，它的目标是对现有产品生产模式的重塑，即随着技术升级可实现批量化生产，以及此后对于传统供应链和传统商业模式的颠覆。与传统加工工艺相比，3D打印的优势主要有以下几个方面。

(1) 复杂度高。3D打印可以制造出具有复杂结构和外观的产品和部件，如图5-32所示。与传统制造比较，如果要加工和批量生产一个简单结构的产品或零件，从成本上来说，目前仍然是传统制造方式更为合适；但如果产品或部件结构，特别是内部结构形态复杂，且材料要求适合，3D打印就是更为合适的选择。

图5-32　3D打印制作的具有复杂结构和外观的服装

(2) 一体化成型，只要不超过3D打印机的成型尺寸要求，3D打印方式可以将需要组装的部件整合为一体进行打印。比如，可以折叠或是铰接联结的部件，只要在需要连接和移动的部件之间留出小的间隙，便可以使部件在打印完成或处理后实现整体连接而不需二次装配，如图

5-33所示。这个特点可以让整个产品生产流程简化，达到减少生产成本的目的。

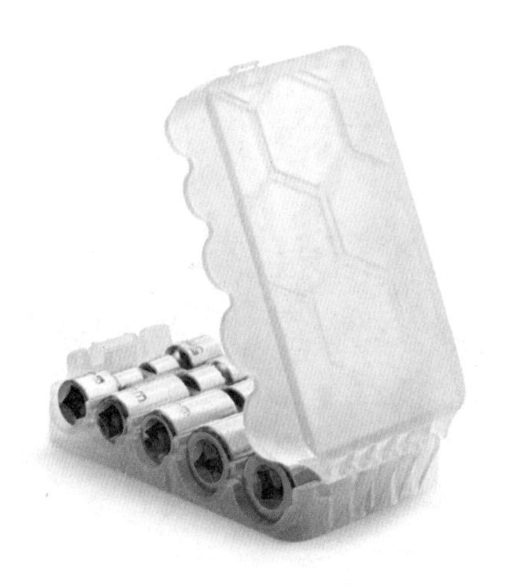

图5-33　一体化成型产品铰接联结的部件

(3) 更多的材料可能性。随着3D打印技术的发展，生物打印、食物打印和多材料复合打印等新方式、新技术相继出现，如图5-34所示。可编程材料及多种材料复合打印将成为增材制造技术的一个重要发展方向。一个产品或产品部件如果有不同结构，以及与其结构相符合的材料和功能需求，则可以通过复合方式3D打印一次成型，无须传统工艺的通过多次加工和多个模具成型，极大地节省了成本和时间，可以更好地对产品整体设计和生产进行把控。

图5-34　多材料生物打印

(4) 轻量化。计算机拓扑优化和有限元分析工具与3D打印成型结合，可以在短时间内实现优化的复杂结构设计和快速制造，满足工程和设计领域对于轻型产品结构的需求，如图5-35所示。目前在航空领域和建筑桥梁工程中，该技术都有广泛的需求和应用尝试。

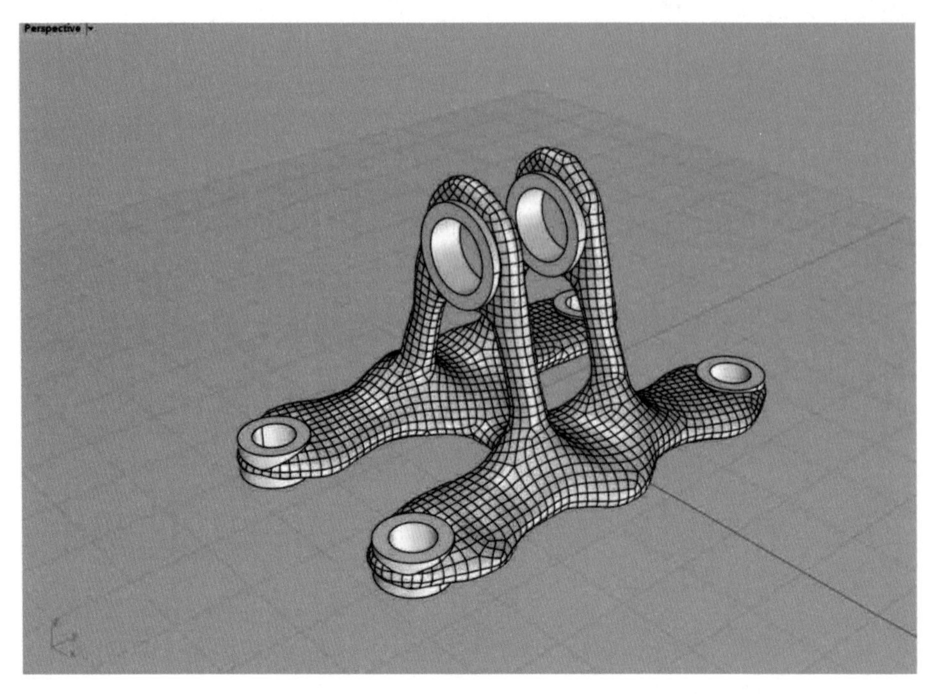

图5-35 拓扑软件分析出的受力结构

(5) 按需生产。3D打印按需生产，可以极大地减少库存压力，对于未来产品供应链的影响非常明显。

5.6.2 3D打印技术工艺

1. 聚合物3D打印

熔融沉积成型(fused deposition modeling，FDM)，是目前最常见的挤出方式增材制造技术。这一技术的原理就如同被编程控制的热胶枪，通过将聚合物细丝材料转变为熔融状态并挤出，用以制作出成型部件切片，完成一层切片的打印后，平台下移相应的切片厚度，然后进行下一个切片的打印，如此往复堆叠，最终完成整体部件的打印成型，如图5-36所示。

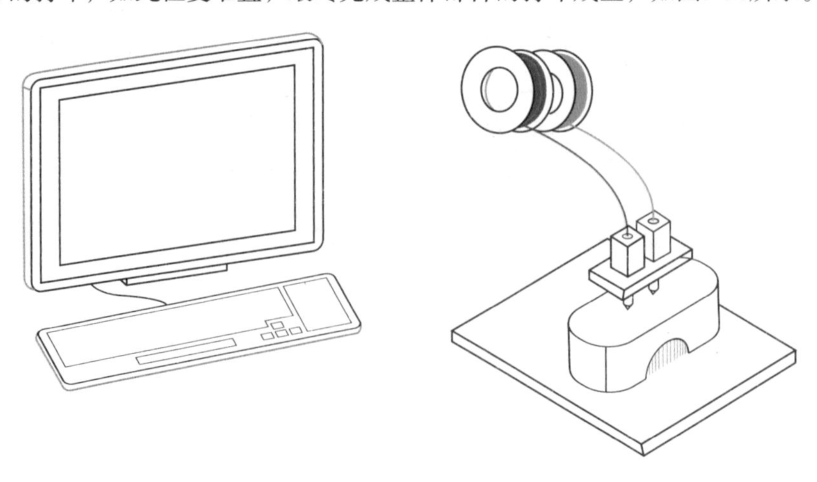

图5-36 FDM打印技术

这种3D打印机最为常用，是因为它的设备和材料价格相对低廉，适合用来测试产品设计初期的情况。但是同其他材料(复合材料，金属材料等)的挤出型机器一样，材料挤出系统的挑战之一，是它生产的部件往往存在“各向异性”(比其他增材制造工艺更明显)，所谓各向异性，是指材料在各个方向的力学和物理性能呈现差异的特性，即部件在竖直Z方向(堆叠方向)上的强度比在水平方向X和Y(切片方向)上差一些。因为挤出型的FDM工艺，在竖直方向的各层材料之间黏结的机械强度要比平面层内机械强度弱。虽然在一些产品外壳打印中，这种各向异性可以忽略不计，但是对于有力学强度要求的零部件，则需要在打印之初就考虑这个问题，即如何设置部件的成型方向，如图5-37 所示。

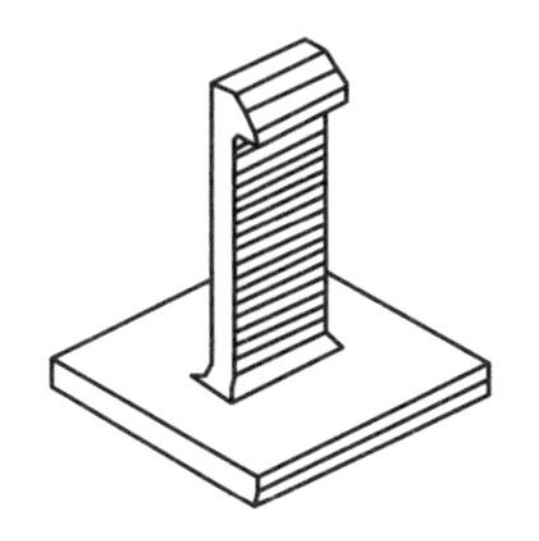

图5-37　有力学强度要求的零部件的各向异性

FDM打印需要支撑材料，支撑材料是一种牺牲材料，在完成打印后会被去除。有些FDM机器材料挤出部分有两个喷嘴，一个用于打印部件的材料，另一个则通常用于打印支撑材料。有些打印系统使用与打印材料一样的材料来进行支撑；另一些则采用不同于打印材料的支撑材料，如水溶性材料，这样方便后期处理。去除的方法，则可以分为物理机械的方法或是化学溶解的方式。如图5-38 所示，这样的结构部件，如果朝上打印，需要的支撑材料要远远少于开口处朝下打印，而且从零部件外部去除材料，要比从内部去除材料容易得多。

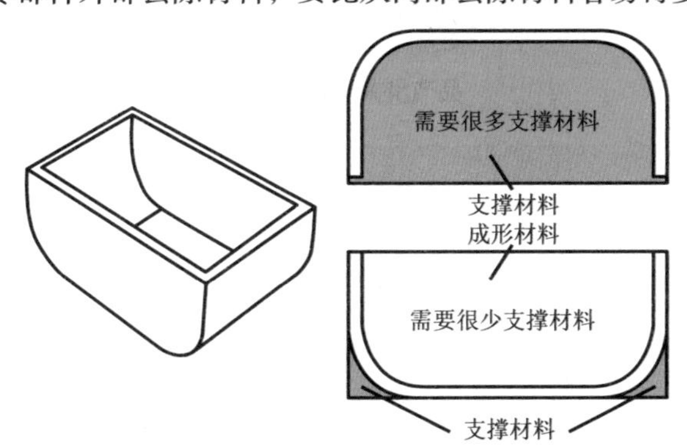

图5-38　分析去除支撑材料的多少

不管是FDM还是其他材料挤出工艺，它的最终打印成品表面的“阶梯”效应往往是最明显的，这意味着在打印之后大量的后处理工作。

2. 立体光固化

立体光固化成型技术(stereo lithography appearance，SLA)，利用紫外线固化液态树脂层，紫外线光束根据切片形状扫描液态树脂表面使之硬化成型，然后成型平台下降相应的切片厚度，开始对下一个切片的扫描固化过程，同时两层黏结，如图5-39所示。

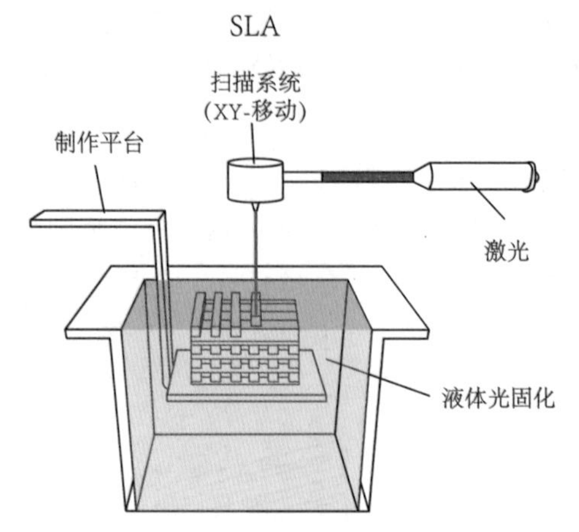

图5-39　从上至下进行打印立体光固化

同样的光固化系统，有些打印机则是从下至上进行打印，如图5-40所示。在这种成型系统中，紫外光装置放置于成型箱的下方，通过下方的透明窗口扫描或投射切片形状，成品在成型台上以悬挂方式被逐层打印出来。立体光固化方式打印出的成品表面质量优于熔融沉积成型方式。

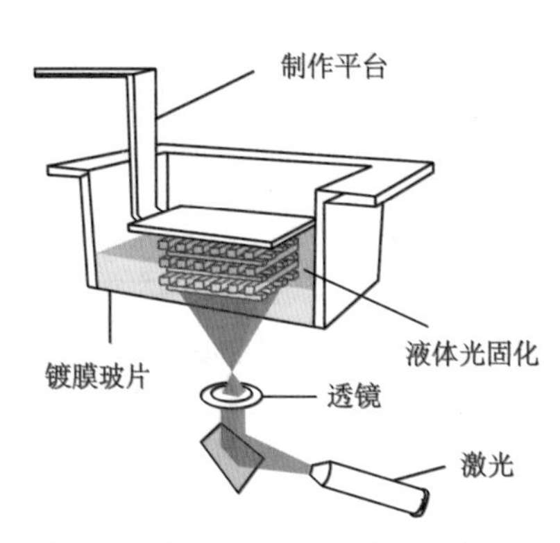

图5-40　从下至上进行打印立体光固化

5.6.3　3D打印设计案例分析

企业在产品设计概念初期通常会制作一些样机模型，由于其结构的不确定性，3D打印成为制作验证模型和展示模型的最佳方式。下面以参数化工具完成的鞋结构优化设计案例，就是使用立体光固化技术完成的验证模型的制作。

鞋具，由最初的足部保护功能发展到承载社会和身份的符号载体，它的设计随着功能的变化与材料、制造技术的升级不断推陈出新。在消费市场的推动下，对时尚潮流的追逐逐渐成为大众消费鞋类产品的主要推动力。然而，现代人类生活方式的转变和健康产业的发展，让越来越多的人意识到，足部及身体健康与鞋类产品之间的密切关系。因此，能否在设计层面，结合现今的3D打印技术，及其相关数字化生产技术，制作集舒适、保健、潮流于一体的新型鞋品，是现在很多企业正在尝试的。下面这个案例中，设计者在研究了人体动态模式和骨骼筋膜结构后，设计出了一组经过参数化工具优化的高跟鞋受力结构，在鞋底的不同部位采用了不同疏密的受力结构模块，以达到调整人体行走姿态的目的，如图5-41和图5-42所示。

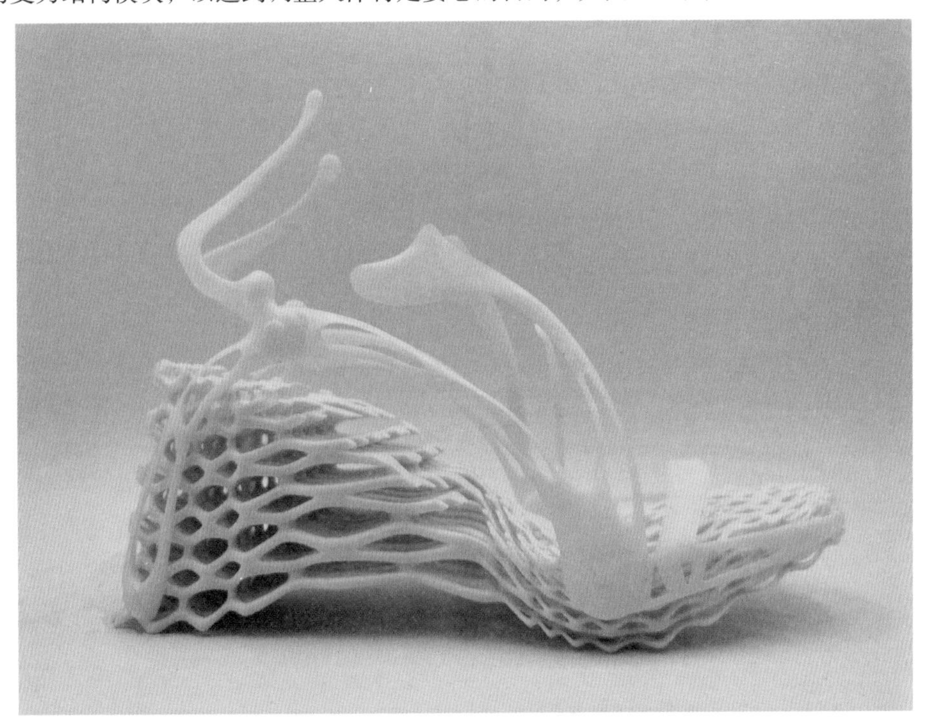

图5-41　参数化3D打印高跟鞋侧视图

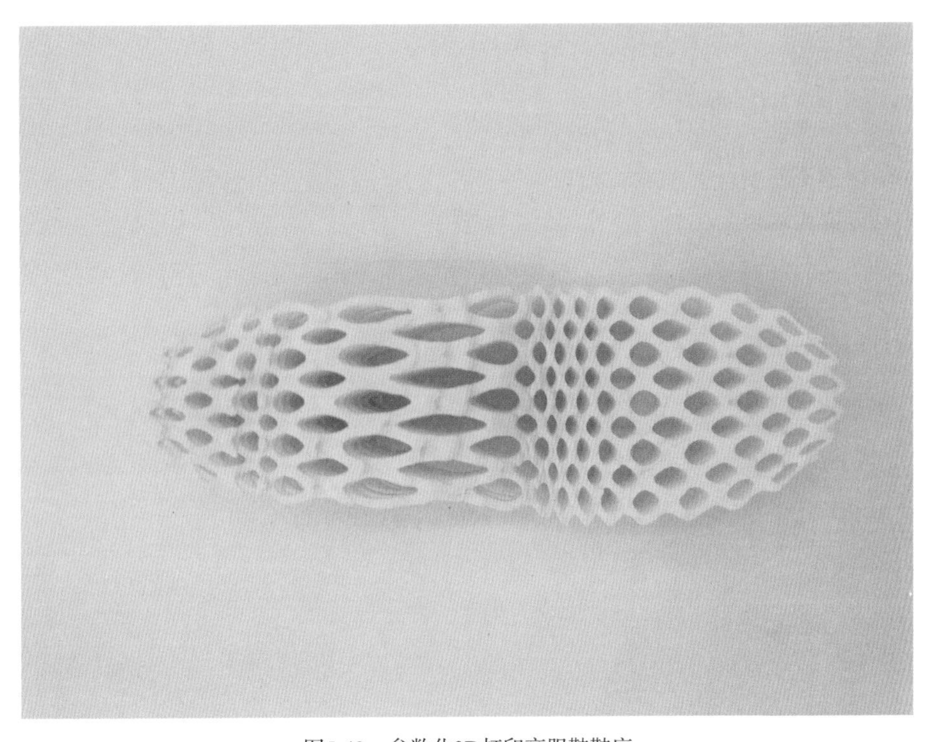

图5-42　参数化3D打印高跟鞋鞋底

阅读完本章，请思考回答以下问题

1. 请讨论塑料垃圾对于环境和人类的影响。
2. 热塑性塑料和热固性塑料的分子结构有什么不同?
3. 简述注塑成型的生产原理。
4. 热塑性塑料部件结构的设计原则有哪些?
5. 在设计时，为什么要把材料、结构、工艺、外观等要素结合起来考虑?
6. 什么是生物塑料?
7. 与传统加工工艺相比，3D打印具有哪些优势?

第6章

常用复合材料结构设计准则

主要内容：复合材料在结构设计中的应用，及其主要加工方法。

教学目标：通过对本章的学习，使读者理解不同复合材料的材料结构和特性，以及常见复合材料的加工方法和结构设计的关系。

学习要点：常用复合材料，碳纤维复合材料及其主要加工方法，智能复合材料结构。

Product Design

人类发展的历史与材料的创新和使用紧密相连，我们用泥土、木材和岩石建造庇护所，使用火冶炼金属锻造工具。人造复合材料由来已久，世界各国的历史遗迹之中都可以见到例子。

现代合成复合材料是从20世纪中期开始越来越多地出现在我们的生活中。从普通复合材料如砂纸、刨花板，到先进复合材料如飞机部件，我们生活的方方面面都有各种复合材料的身影。复合材料的发展与人类的技术与文明进步日趋交融，随着加工技术的发展，人们越来越多地使用各种先进的复合材料，用以制造具有经济优势和性能优势的产品。

6.1 复合材料应用简史

在材料研究领域，一般把复合材料的历史分为早期复合材料和现代复合材料两个阶段。

早期复合材料的历史可以追溯到公元前，早在春秋时期，我国就已掌握了复合金属工艺。春秋时期越王勾践的宝剑，材质是由铜、锡及少量的铝、铁、镍、硫等按照严格的配比组成的青铜合金。宝剑的不同部位是由不同金属配比而铸造的，这种工艺称为复合金属工艺。除此之外，我国的漆器、城墙砖的黏合材料等，都属于早期的复合材料。

1942年制出的玻璃纤维增强塑料，通常被视为现代复合材料的开端，它的主要特征是材料的基体采用了合成材料，而非早期的自然材料。

材料学家将1940—1960年的20年认定为复合材料发展的第一阶段，这是玻璃纤维增强塑料(俗称玻璃钢)的时代。第二次世界大战中，这种复合材料被美国军方用于制造飞机构件。

1960—1980年的20年则是碳纤维、kevler纤维及增强环氧树脂复合材料为代表的先进复合材料的时代。1960—1965年英国研制出碳纤维；1971年美国杜邦公司开发出Kevlar-49合成纤维；1975年先进复合材料“碳纤维增强环氧树脂复合材料和Kevlar纤维增强环氧树脂复合材料”用于制造飞机和火箭的主要承力件。

1980—1990年的10年是纤维增强金属基、陶瓷基复合材料的时代。用金属(铝、镁、钛、金属间化合物)做基体的复合材料，或用陶瓷(碳化硅、氮化硅等)做基体的复合材料，开发出了耐热性能高的氧化铝纤维和碳化硅纤维。现代复合材料开始向耐热、高韧性和多功能方向发展。

1990年后，被认为是复合材料发展的第四阶段，主要发展方向是多功能复合材料，如功能梯度复合材料、机敏复合材料和智能复合材料。

1990年以后，纳米复合材料作为一个全新的复合材料发展方向，此外，它的应用和发展被视为复合材料发展的第五阶段。

6.2 常用复合材料概述

在《复合材料技术》一书中将复合材料定义为：由两种或多种“不同质、不同性、不同相”的材料，通过适当的方法，将其组合成具有整体结构和优良使用性能的一类材料。这类材料往往具有单一材料不具备的多种优势，比如纤维增强制品相对密度仅有1.4～2.0，只有普通钢的1/4～1/6，比铝合金还轻1/3，而力学性能却能达到或超过普通钢的水平。特殊的结构特点，让大部分复合材料具有质量轻，却具有较高的比强度的优点。

复合材料的可设计性和材料可配制性显著，树脂基复合材料成型比较方便，有时复合材料的生产过程，也就是复合材料制品的生产过程。利用材料形成和制品成型同时完成的特点，可以实现一些大型产品一次整体性成型，从而简化了产品生产流程，减少了组成零件和联结零件的数量。

复合材料是多相材料，包括作为基体的连续相材料和作为增强的分散相材料，如图6-1所示。基体材料起到黏结、均衡载荷、分散载荷，保护和结合纤维的作用；而分散相的增强材料则不连续分布，并被基体所包围。复合材料一般是根据增强体和基体的名称来命名，比如我们所熟知的碳纤维增强复合材料、陶瓷颗粒增强复合材料等，就是以增强体名称所命名；而金属基复合材料、陶瓷基复合材料、树脂基复合材料等名称，则是以基体名称命名；也有以增强体和基体共同命名的复合材料，比如玻璃纤维增强环氧树脂基复合材料。

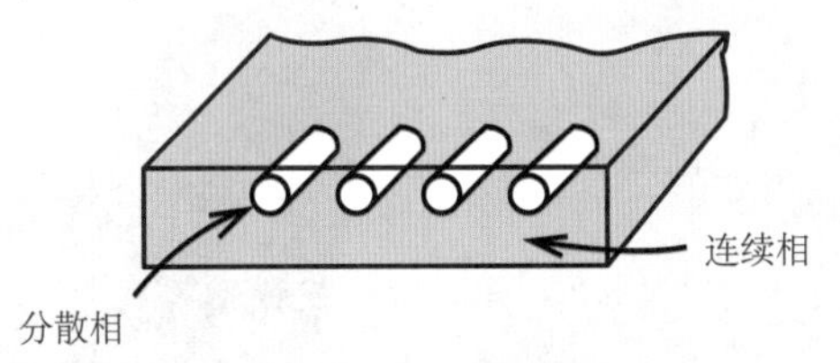

图6-1 连续相和分散相

如何区分复合材料？聚合物、混合物和复合聚合物之间的区别又是什么？首先，判定一种材料是否是复合材料，要看组成后的材料内包含的主要材料是否都存在一定客观的量，较低成分的材料至少要占到全部材料含量的5%；其次，这两种材料在化学上不相容，彼此之间存在界面，界面将基体和增强体区分开来。

在材料学领域，复合材料最基本的分类是按照它的基体类型，比如聚合物基复合材料，金属基复合材料和陶瓷基复合材料。对于产品设计师而言，可按照复合材料中增强体的形状和在空间的排列方式进行分类，更利于理解复合材料的结构性能。复合材料的类型，如图6-2所示。

a. 纤维复合材料

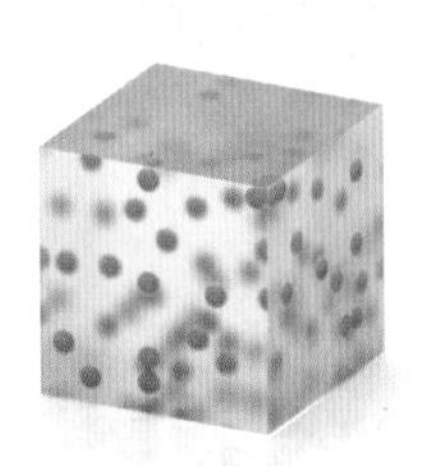

b. 颗粒复合材料

c. 层状复合材料

d. 渗透复合材料

图6-2 复合材料类型

其中，纤维复合材料，如碳纤维材料，如图6-3所示；颗粒复合材料，如混凝土，如图6-4所示；层状复合材料，如蜂窝状复合板，如图6-5所示；渗透复合材料，如树脂浸实木，如图6-6所示。

图6-3　碳纤维材料

图6-4　混凝土材料

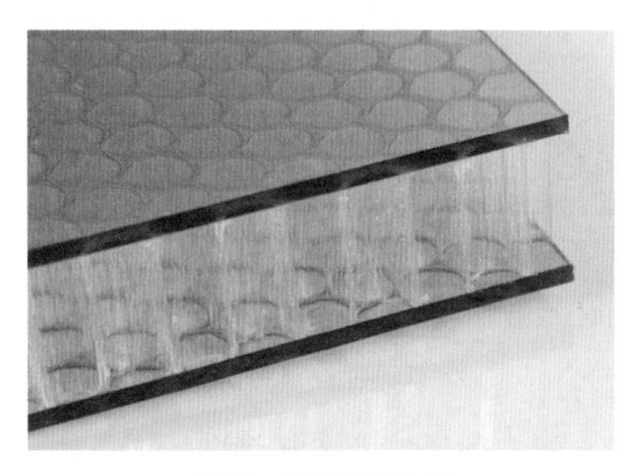

图6-5　蜂窝状复合板

图6-6　树脂浸实木

复合材料的优势在于，与单一材料相比，可以实现强度、韧性和重量等材料特性的均衡配置，比如在增加材料强度和刚度的同时，减轻自身的重量。作为未来产品创新方面重要的复合材料，其特性、加工方式和材料本身带来的产品创新可能性，是未来产品设计不可忽略的重要部分。

6.3　碳纤维复合材料

6.3.1　碳纤维复合材料概述

碳纤维作为复合材料中重要的增强材料，具有优异的力学性能，它可以通过与树脂、碳、陶瓷、金属等基体材料复合，从而得到性能优异的碳纤维复合材料。碳纤维是一种成丝状的碳素材料，具有轻质、高强度、高弹性模量、耐高温、耐腐蚀、X射线穿透性和生物相容性等特点，如图6-7所示。

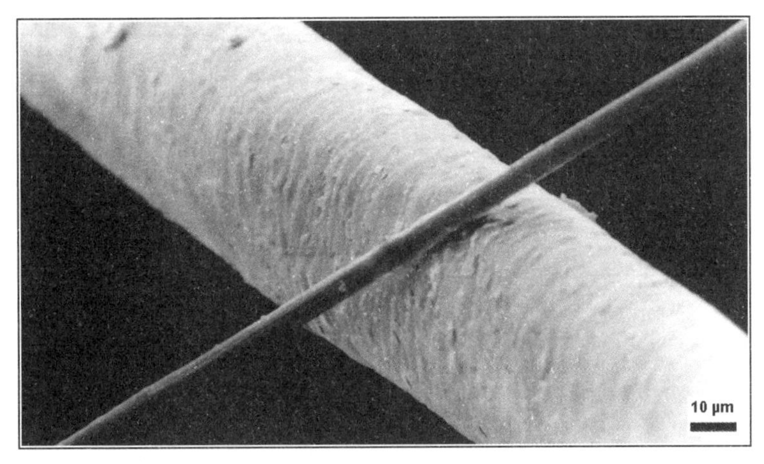

图6-7　微观显示下，碳纤维丝(上)和头发(下)对比图

碳纤维和石墨纤维是用于高性能复合材料结构的最普遍的纤维形式。石墨晶体由碳原子排列成六边形层状结构，如图6-8所示。

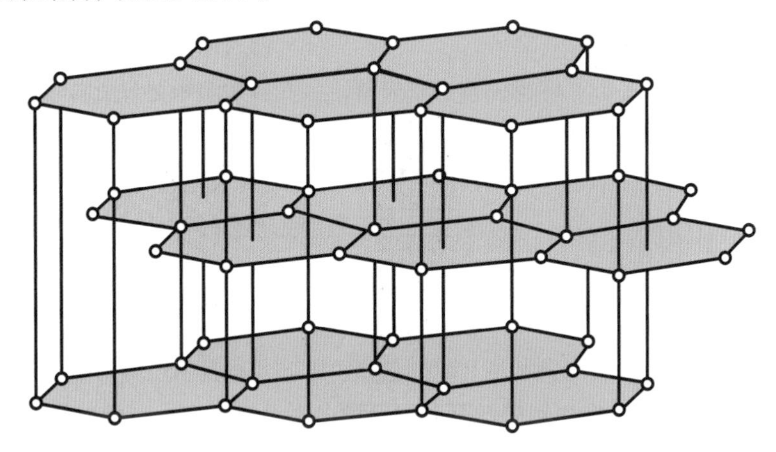

图6-8　石墨晶体六边形层状结构

最早的碳纤维出现于1878年，英国的发明家约瑟夫·斯旺(Joseph Swan)和美国的托马斯·爱迪生(Thomas Edison)，分别用棉纤维和竹纤维炭化制作电灯泡的灯丝，但是这时使用的碳纤维并没有抗拉强度。实用型碳纤维直到20世纪50年代才出现，美苏冷战时期，双方为了让武器具有耐高温和耐烧蚀的特性，研制出了黏胶基碳纤维。1959年日本大阪工业研究所的近藤昭男发明了用聚丙烯腈纤维制造碳纤维的方法。到1965年日本群马大学大谷杉郎发明了沥青基碳纤维，形成了聚丙烯腈、沥青和黏胶三大碳纤维原料体系。因为具有生产工艺简单、生产成本较低和力学性能优异的特点，所以今天我们大多数应用和生产的都是聚丙烯腈基碳纤维。

我们在产品中使用的碳纤维原丝(化学纤维)，是用特定的高分子化合物为原料，经由原液制备、纺丝、后处理等多项工序制备而成。聚丙烯腈基碳纤维可用湿法或干湿法等方法制备。湿法碳纤维原丝生产工艺，主要包括原液制备、纺丝、牵伸、水洗、上油、烘干、热定型，最后卷绕原丝成为长纤维产品，或切割原丝成为短纤维产品等环节，如图6-9所示。

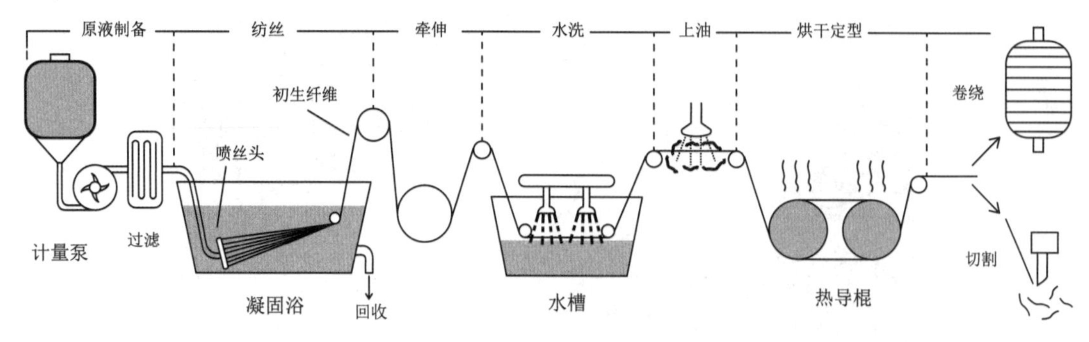

图6-9　碳纤维原丝生产工艺流程图

作为增强体的连续纤维通常具有优选方向，而不连续纤维通常的方向都是随机的。连续纤维增强材料包括单向带、织物和粗纱，而不连续纤维增强材料的例子包括短切纤维和毛毡，如图6-10所示。连续纤维增强复合材料通常以不同方向堆叠单张连续纤维板，而制成层压板，从而获得预期的强度和刚度特性，通常纤维体积含量高达60%~70%。

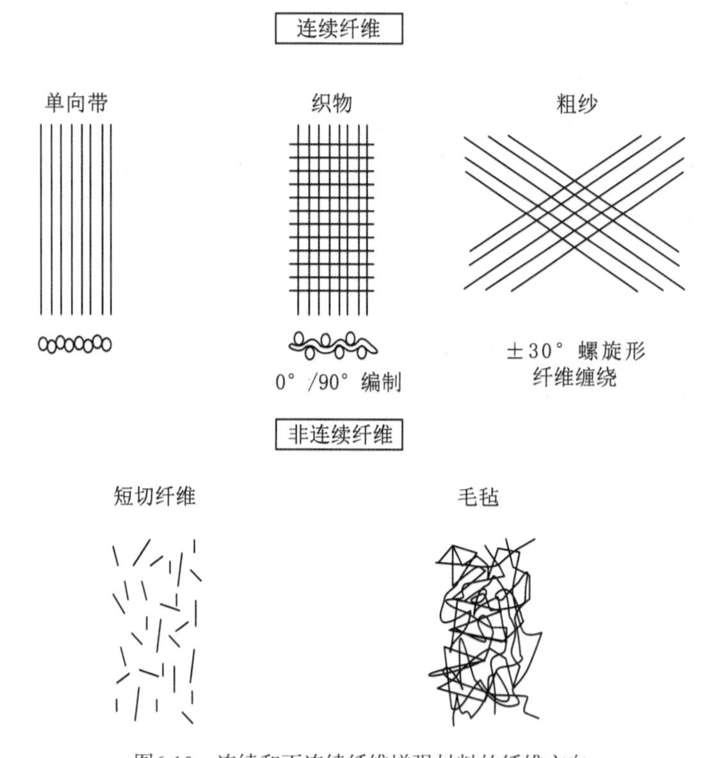

图6-10　连续和不连续纤维增强材料的纤维方向

6.3.2　碳纤维复合材料加工方法

1. 手糊法

手糊成型的方法又叫接触成型，是在玻璃钢成型技术上发展起来的手工操作方法。它是用手工将碳纤维织物(预浸布)和树脂胶基体材料交替铺涂在涂有脱模剂的模具上，室温下固化成型，如图6-11所示。这种传统的工艺适合生产小批量、形状复杂的产品，具有成本低、操作简单的优势。如果有特殊的功能要求，也可以与其他材料复合(如泡沫、轻木等)。但是手糊成型的缺点也很明显，制成品容易质地疏松，强度相对较低；因为过于依赖人工和经验，生产效率低，质量不稳定。

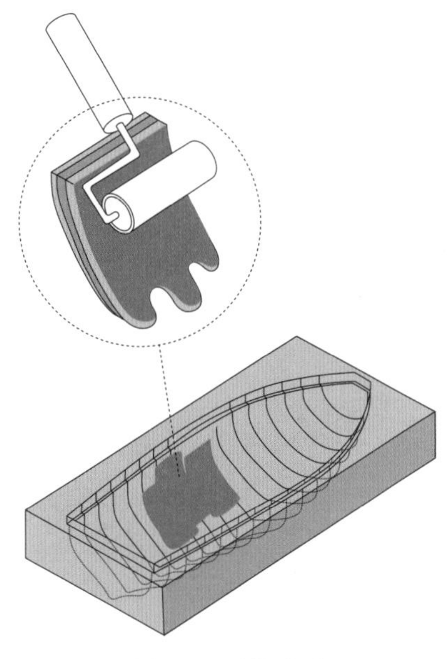

图6-11　手糊成型

2. 真空导流成型

真空导流成型是在手糊成型的基础上增加抽真空系统，通过抽真空的方式让增强体(碳纤维)和基体(树脂)能够更紧密地结合在一起，并且贴合模具，如图6-12所示。真空导流成型同样适合生产小批量产品，具有成本低、操作简单的优势。通过真空导流成型制成的部件，平整度、细节精度和安装位置都会比手糊成型精准得多。此外，真空产生的吸附作用还可以让部件厚度优于手糊成型的产品。

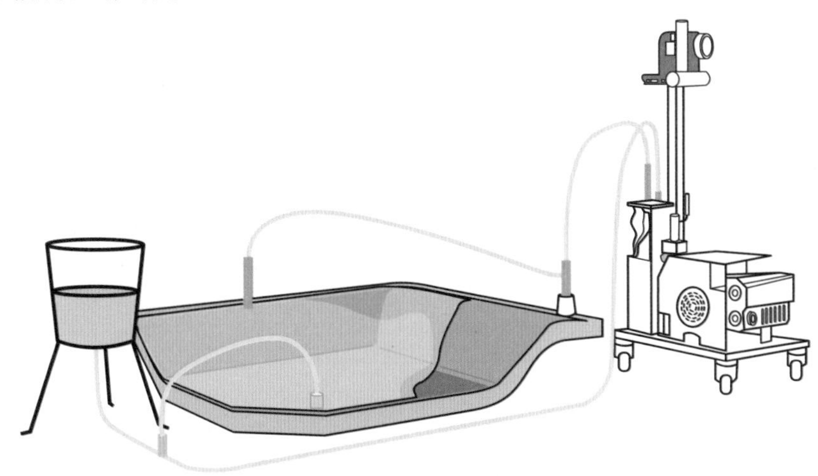

图6-12　真空导流成型

3. 拉挤成型

常用的线性型材碳纤维管或碳纤维棒的主要生产工艺是拉挤成型，它可快速生产截面形状固定不变的碳纤维复合材料制品，如图6-13所示。具体操作方法为将纤维从纱架上牵引而出，由牵拉系统控制，导向机的导板将纤维收集成束，引导浸入液态树脂(添加基体)。添加的基体中包含热固聚合物、填料、催化剂等添加剂。产品成型同时封闭加热，固化的产品通过拉拔器被切割为所需长度。拉挤成型可实现自动化控制，生产率高；缺点是只能生产线性型材，同时由于纤维方向单一，从而造成成品的横向强度不高。

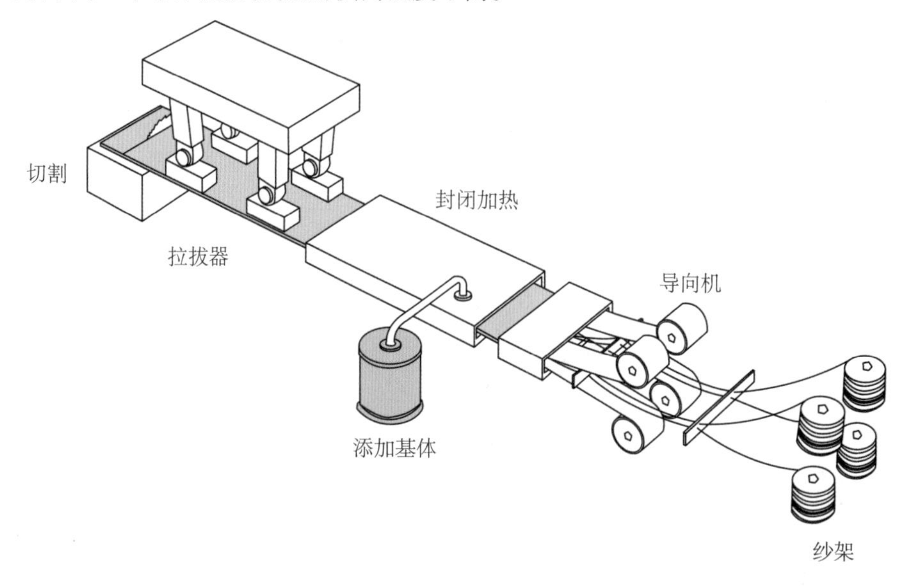

图6-13　拉挤成型

4. 纤维缠绕成型

纤维缠绕成型是一种碳纤维连续成型的常用加工方法，可制造管材、压力罐、存储罐及各种壳体，如图6-14所示。操作方法是将连续的纤维浸渍树脂溶液，在压辊的张力作用下，按照一定规律缠绕到芯模上，最后通过加热或常温固化成型。在缠绕过程中，可以通过对芯模的旋转速度和输送纤维方式之间的关系进行控制调节，根据最终产品性能要求实现不同的缠绕方式。通常根据缠绕时树脂基所具备的不同物理或化学状态，可分为干法、湿法和半干法缠绕生产形式。

纤维缠绕成型非常适用于制造圆柱体、圆筒体、球体和一些正曲率回转体产品，目前多用于国防工业。因为纤维在加工过程中增加张力而后卷缠，所以制成品中纤维体积含量最高可达80%，其强度可高于钛合金。可以通过调整工艺参数改变纤维的方向，得到各向强度相同或相异的产品。缠绕成型适合大批量生产，效率高，制品表面光滑、质量好。

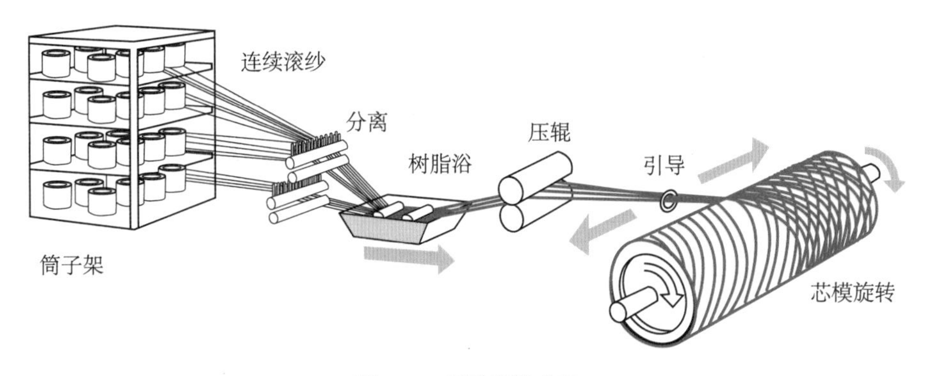

图6-14　纤维缠绕成型

6.3.3　碳纤维复合材料结构设计要点

由于复合材料由两种(增强体和基体)或更多材料组合而成，所以它具有比单组份(如金属)材料更好的性能。这也决定了，复合材料中的每种材料均保持了其独立的化学、物理和机械性能。当我们对其进行结构设计时，要充分考虑每种单体的特性。

前面章节介绍了金属材料的结构特点和加工特性，本章我们在思考和理解复合材料时，会发现不能直接借用金属材料的力学特征和加工方式来理解复合材料。因为大部分金属材料是均质的，一块金属材料中各点之间性能几乎没有差异，且一块正方形的金属块是各向同性的，即性能不取决于方向。但是复合材料，比如碳纤维材料，由于增强体是由纤维束编织而成，导致它的性能是不均匀的，且具有各向异性。如图6-15 所示，同样一块碳纤维材料，只是转动使用的方向，由于它的单向带的增强体(碳纤维束)沿着单一方向，在上方受压的情况下，横向(右边)载荷性能就要大于纵向(左边)。

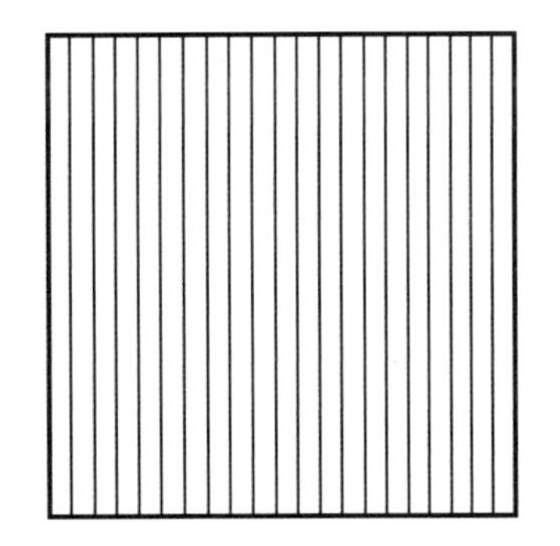

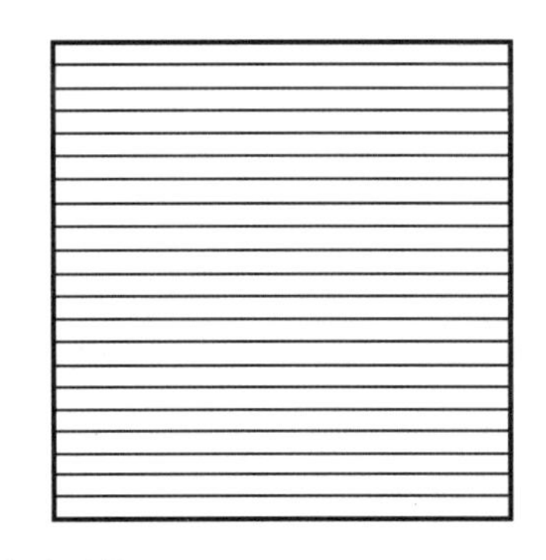

图6-15　碳纤维材料的各向异性

碳纤维复合材料的性能和它的铺贴方式密切相关。当只有单层或所有铺层以相同的方向铺贴时，铺层称为单向板，如图6-16a所示；当铺层以各种角度铺贴时，叠层称为层压板，如图6-16b所示。单向板在0°方向上强度和刚度都非常大，然而它在90°方向上非常弱，因为载荷必须由较弱的聚合物基体承担。

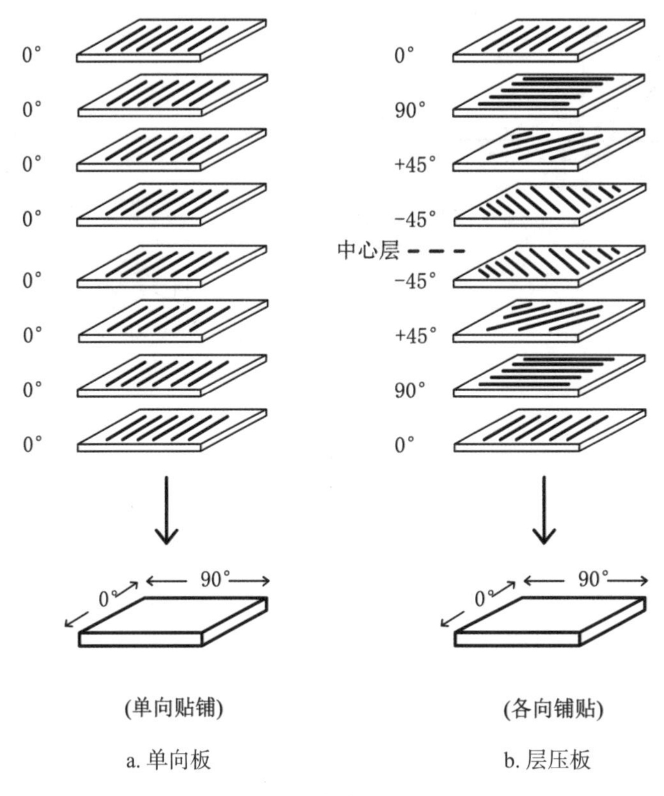

a. 单向板　　b. 层压板

图6-16　碳纤维复合材料铺贴方式

由于纤维取向直接影响力学性能，因此沿着主承载方向尽可能多地铺贴0°层是合理的，这种方法可能适合某些结构。通常铺贴时还是需要在多个不同方向(如0°、+45°、-45°和90°)上具有相同层数的平衡层压板，从而使所有方向承载相等的载荷，如图6-17所示。

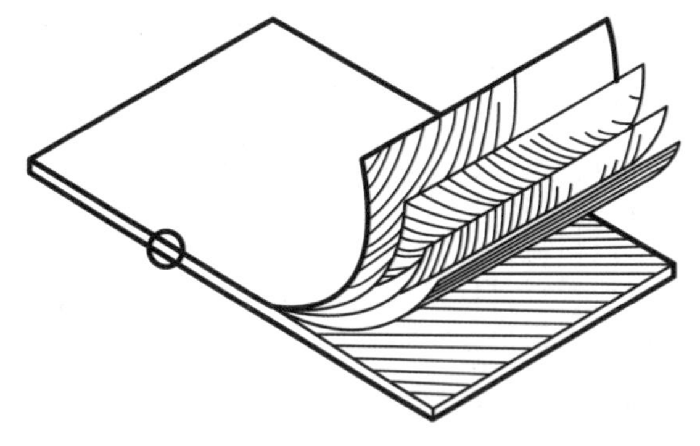

图6-17　在不同方向铺贴相同层数的平衡层压板

碳纤维复合材料的比强度(强度/密度)和比刚度(弹性模量/密度)要高于一般可参照的航空航天金属合金，用它制成的结构可以达到最佳的减重效果，提高性能，增加有效载荷和交通工具航程。但是碳纤维的脆性大，耐冲击性能差，在拉断前没有明显塑性变形，拉伸破坏方式属于脆性断裂。一些低速冲击损伤也可能会造成材料损坏，从一个小凹坑扩散到整个层压板，从而形成复杂的分层和基体裂纹，如图6-18所示。这时的损伤容限是以树脂(基体)的特性为主导，选择增韧树脂可以显著提高材料抗冲击、抗损伤的能力。

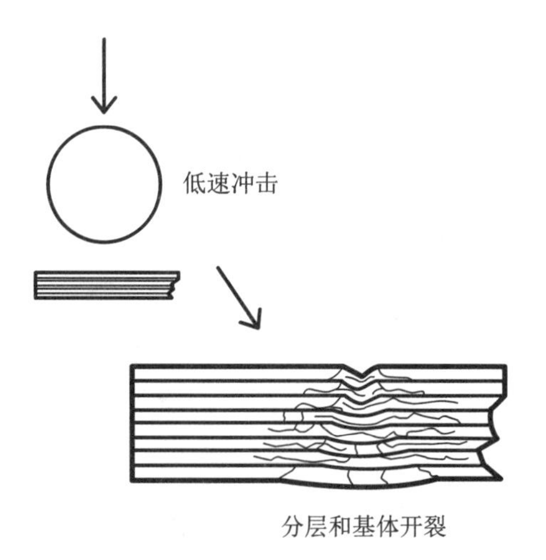

图6-18　低速冲击下的材料损伤

6.3.4　碳纤维复合材料设计案例分析

“如果自行车的先驱们拥有当今这些先进的材料，第一个踏板自行车会是什么样的？”

2013年，德国设计工作室DING3000与德国化工企业巴斯夫(BASF)合作，设计了一辆概念电动自行车Concept 1865，设计师尝试使用各种创新型复合材料和复合结构，如图6-19所示。该电驱动型自行车采用了24种不同的材料，融合新型复合材料特性的结构设计，提出了“重新思考材料”的设计思路。

图6-19　Concept 1865自行车

这一设计的外形灵感来源于1865年自行车初期的造型设计，如图6-20所示。由于受到材料的限制，当时制作自行车的材料多为木材。

图6-20　自行车初期造型设计

Concept 1865自行车的主框架使用了碳纤维聚合物Baxxodur®，是由玻璃和碳纤维浸润环氧树脂制成，如图6-21所示。该材料具有固化时间短、组件简单和机械强度高的优点。

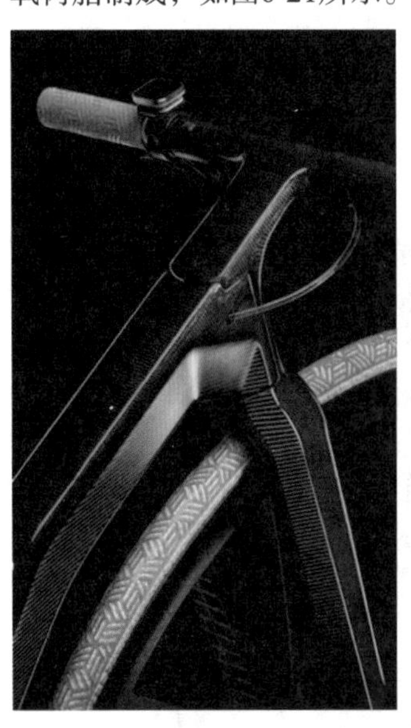

图6-21　Concept 1865自行车的主框架

Concept 1865自行车的前轮轮辋使用了分别加入长纤维和短纤维的热塑性复合材料(Ultralaminate™ 和 Ultratape ™)，将长纤维的韧性优势与短玻璃纤维的刚度优势相结合，如图6-22所示。这种材料具有机械强度大、刚度大和耐热性高等特点。

后轮圈使用具有玻璃纤维网络的Ultramid® Structure热塑性塑料制成，可以替代金属轮圈，免去耗时长且成本高的密集型轮辐组装工作，同时在抗翘曲、抗蠕变和抗震方面具有显著优势，如图6-23所示。这种材质结构可以满足高抗震、高韧性及轻量化的要求，在震动吸收器、座椅承重结构、电动机电池托盘、发动机支架等有特殊性能要求的部件中，可替代金属材料。

图6-22　前轮轮辋

图6-23　后轮圈

Concept 1865自行车的踏板设计并没有使用金属滚珠轴承，而是以高负荷性能的复合材料替代金属材料，它使用了Ultrason® 系列里一种耐高温、无定形的热塑性塑料，具有高耐受性、高机械强度和良好的滑动摩擦性等优点，如图6-24所示。

碳纤维聚合物Ultrason®制成的刹车盘，即使在高温下也能保证所需的刚度和形变幅度，如图6-25所示。Ultrason®这种经常被用于飞机部件制造的增强热塑性薄板材料，即使在高达200℃的温度下，仍然具有出色的机械性能和阻燃性能。

图6-24　踏板

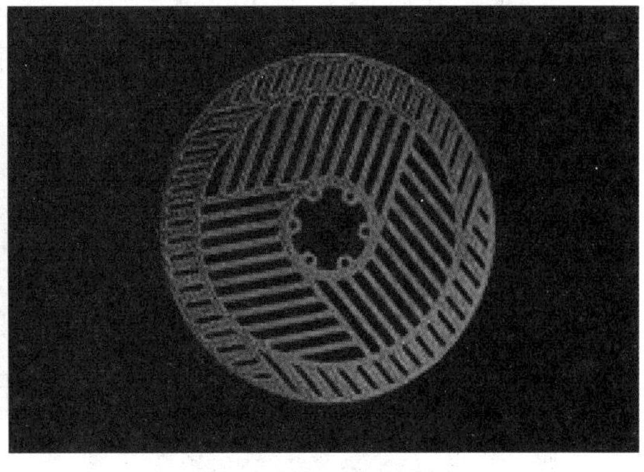

图6-25　刹车盘

19世纪的自行车设计使用过实心橡胶轮胎，但是因为当时的材料技术，这种轮胎太重太硬，所以未被大规模生产使用。在Concept 1865自行车的轮胎设计中，设计师首次使用泡沫热塑性聚氨酯进行测试，在生产过程中使用新型工艺发泡，通过压力将大约5mm ~ 10mm大小的椭圆形泡沫颗粒压在一起，并通过蒸汽焊接形成模制零件。以此工艺为基础的泡沫热塑性聚氨酯Infinergy®具有优良的弹性和易加工性，同时具有低密度及良好的抗裂性和耐温性。Concept 1865自行车的轮胎设计中，胎体白色部分用的就是Infinergy®，如图6-26所示。

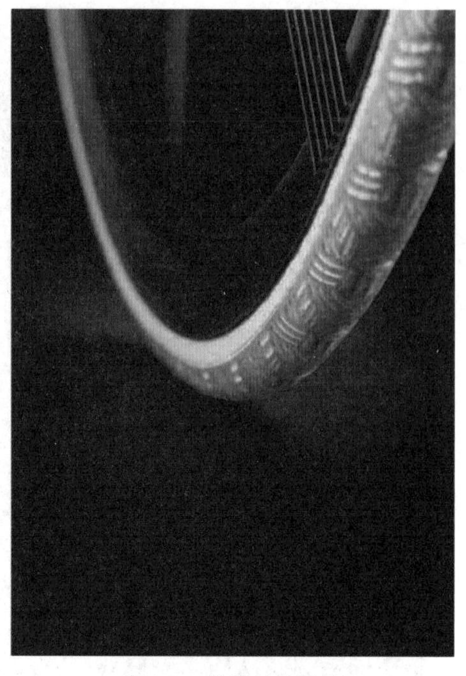

图6-26　轮胎结构塑料

Elastollan®是另外一种巴斯夫开发的多功能聚氨酯材料，具有出色的耐磨、抗切割和抗撕裂性能，可用于轮胎、鞍座、前叉、刹车线、导光板和贴花等多种部件。图6-26中蓝色轮胎胎面就是用这种材料制成。使用它的目的是让Concept 1865自行车适应多种路面和环境，既可以在沥青路面上行驶，也可以在沙地或石质地形上行驶，并且轮胎性能不受环境温度变化的影响。

Elastollan® 材料制成的透明刹车线软管具有抗爆破、高耐磨且可以弯曲的性能，同时又能满足耐石屑冲击、防水、抗氧化和防寒冻的刹车线软管性能标准，而且透明软管还可以观测到内部刹车油的使用情况。

Elastofoam® I是重量轻、手感柔软的聚氨酯发泡材料，同时具有出色的机械性能和高耐磨性，在Concept 1865自行车上用来制作把手，如图6-27所示。这个材料也可以用来制作具有装饰功能的结构部件，如扶手、方向盘套和开关按钮等。

图6-27　把手

6.4　智能复合材料

什么是“智能”？只要加上计算机芯片就是智能产品吗？“智能”的结构和材料又能为我们的生活带来什么样的改变？

智能结构的概念提出于20世纪50年代，又被称为自适应系统。随着对智能结构的研究，20世纪80年代出现了智能材料的概念。所谓智能材料，并非完全具有完善智能功能与生命体征的材料，而是“形成类似生物材料那样的具有智能属性的材料，具备自感知、自诊断、自适应、自修复等功能”。目前已经研制成功并投入商品化使用的形状记忆材料、磁致伸缩材料、功能凝胶等都属于智能复合材料的范畴。这些材料可以根据温度、电场或磁场的变化来改变自身的形状、尺寸、位置、刚性、阻尼或微观结构，对环境具有自适应功能，体现了非生物材料中的“智能”属性。

在《智能材料与智能系统》一书中，从仿生学的观点出发，对未来高级智能材料的属性进行了预测，认为智能材料内部应具有或部分具有以下生物功能：第一，有反馈功能，能通过传感神经网络对系统的输入和输出信息进行比较，并将结果提供给控制系统，从而获得理想的功能；第二，有信息积累和识别功能，能积累信息，能识别和区分传感网络得到的各种信息，并进行分析和解释；第三，有学习能力和预见性功能，能通过对过去经验的收集，对外部刺激做出适当反应，可预见未来并采取适当的行动；第四，有响应性功能，能根据环境变化适当地动态调节自身并做出反应；第五，有自修复功能，能通过自生长或原位复合等再生机制修补某些局部破损；第六，有自诊断功能，能对现有情况和过去情况做出比较，从而能对诸如故障及判断失误等问题进行自诊断和校正；第七，有自动动态平衡及自适应功能，能根据动态的外部环境条件不断自动调节内部结构，从而改变自己的行为，以一种优化的方式对环境变化做出响应。

传统的单一材料无法满足上述这些属性，而需要在不同材料之间建立动态联系。所以，智能材料不是专门研制的一种新型材料，而是需要两种或两种以上的不同材料根据一定比例或特定方式复合起来的智能复合材料。

6.4.1　压电材料的原理及应用

压电材料的本质是实现一种能量(机械能)到另外一种能量(电能)的转换，传统的石英压电材料就是通过施加机械能产生电荷，是一种常见的感知材料。压电效应是由石英晶体结构在受压状态下晶体结构改变造成的，1880年居里兄弟研究时发现，当把重物放置于石英晶体上时，晶体表面就会产生电荷，这一效应被称作压电效应，随后他们又发现了逆压电效应，即因电场作用产生机械变形，如图6-28所示。

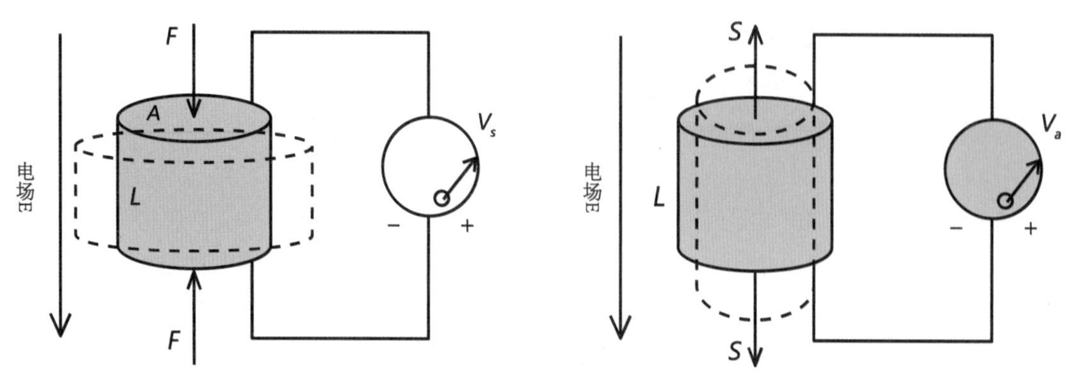

图6-28　正压电(左)和逆压电(右)效应示意图

石英晶体结构和金属不同，是不对称的晶体结构，未受压力下晶体内正负电压互相抵消，如图6-29所示。当被施加压力或拉力的时候，石英晶体的结构会发生变化，使晶体一侧带正电而另一侧带负电，如图6-30所示；施压状态下产生的电荷，如图6-31所示。我们日常生活中最常见的压电材料应用就是打火机的点火装置，而逆压电效应的应用则是音乐贺卡，压电材料通电后产生震动变成了一个小型扩音器。

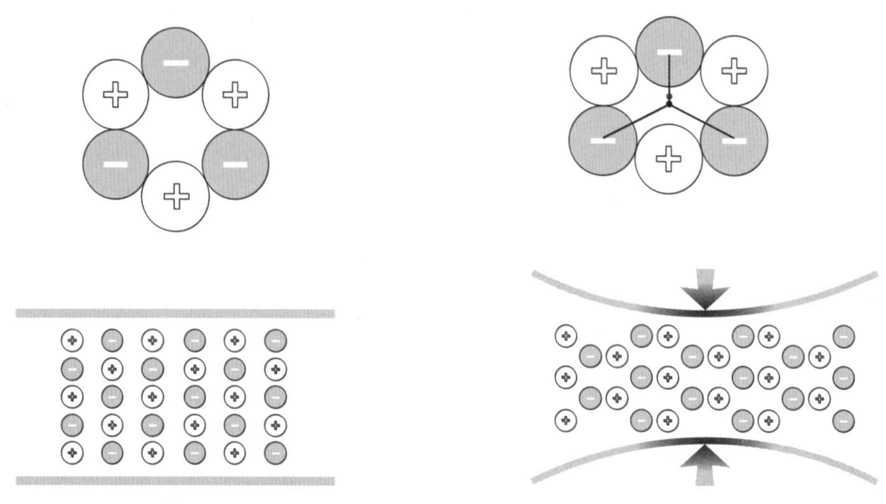

图6-29　石英晶体未受压力结构图　　图6-30　石英晶体受压力结构图

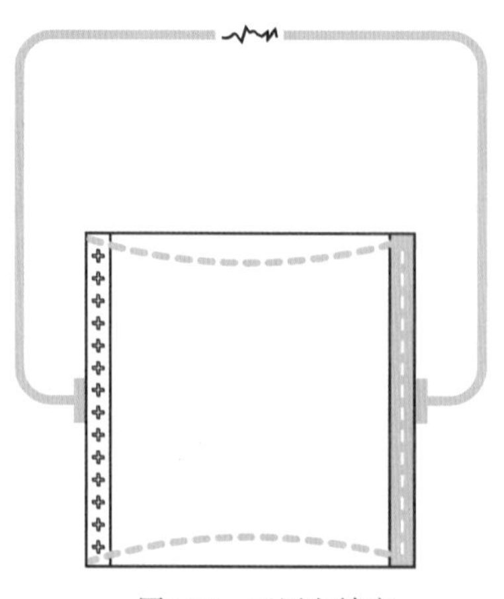

图6-31　正压电效应

除了石英晶体，由钛酸钡或锆钛酸铅混合物制成的压电陶瓷，也具有良好的压电性能。与天然晶体相比，它具有可大规模生产和更多结构造型可能性的优势。压电聚合物比压电陶瓷的可塑性更高，压电性能更稳定，具有良好的机械韧性。聚偏二氟乙烯是最常用的压电聚合物，它的优势是可以制备成任意形状并且薄而柔软的换能器。除了上述压电材料，目前还有很多其他类型的压电复合材料，比如杆状或片状的柔性压电复合材料，可制成传感器应用于医疗超声领域。

Pavegen地砖是一个典型的正压电效应设计案例，设计师在2009年提出了将人的动作作为潜在动力来源的想法，并在Pavegen地砖系统的设计中付诸实践，如图6-32所示。第一代地砖产品由压电聚合物和回收卡车轮胎制成，设计原理是当行人在地砖上行走时，向下的压力让地砖向下压缩5毫米，从而产生电力，每个行人产生的能量可以让LED的路灯运行30秒。2016年改进后的产品，理论上可将能量转换效率提高大约20倍。从2012年开始，Pavegen地砖系统已经陆续应用于英国伦敦、法国巴黎、巴西里约热内卢等37个国家的公共场所，如图6-33所示。

图6-32　用Pavegen地砖铺设的跑道

图6-33　广泛应用于公共场所的Pavegen走道

因为压电传感器可以实现机械能和电能的转换，具有无源、小型、抗干扰能力强的优点。在一些概念性项目中，也经常会涉及压电材料和压电传感器的应用。天津美术学院毕业生宋楠的设计作品，尝试通过压电技术原理实现身体动态和触觉信息的远程传递。此设计的核心概念是通过捕捉身体动作，将身体表面压力转换成电信号，然后将电信号通过互联网传输至另外一端，再把电信号还原成压力，如图6-34所示。

产品结构中间黑色部分是可拉伸电阻式压力传感器阵列，当其中某一个点感应到压力变化，会同时引发电阻变化，而电阻值的信号变化可以反映压力的变化情况，也就是将人体的动作和状态转换为电信号。然后通过互联网将电信号传输至另外一端，电信号通过单片机和气泵控制气囊收缩，最终实现将人体的动态信息通过压力—电信号的方式进行转换，实现信息远程传输，并在另外一端完成人体动态信息重现。

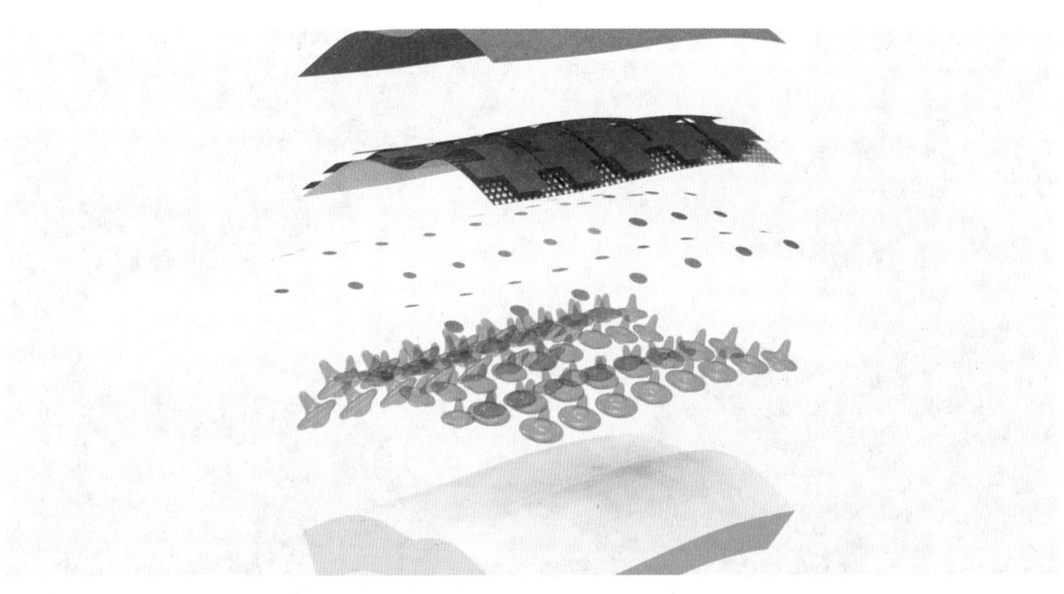

图6-34 产品压电复合材料结构

图6-35 ~ 图6-38是设计师在制作产品样机时的实验过程。

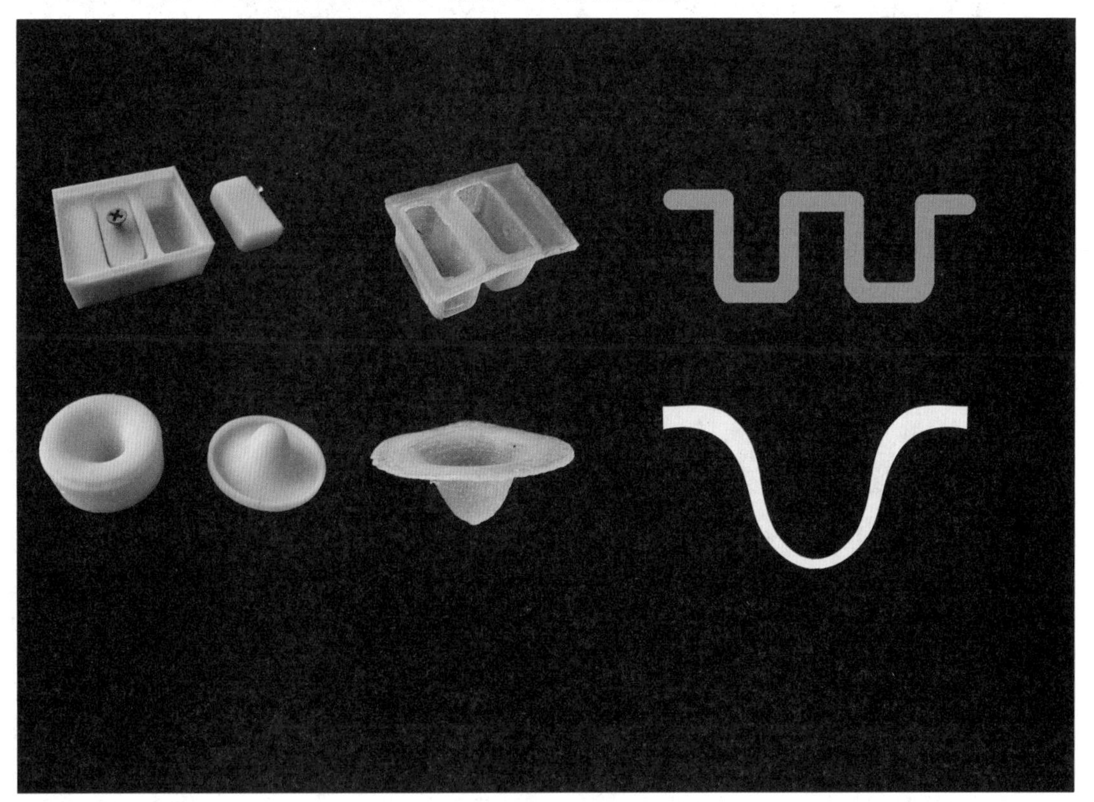

图6-35 产品厚度实验

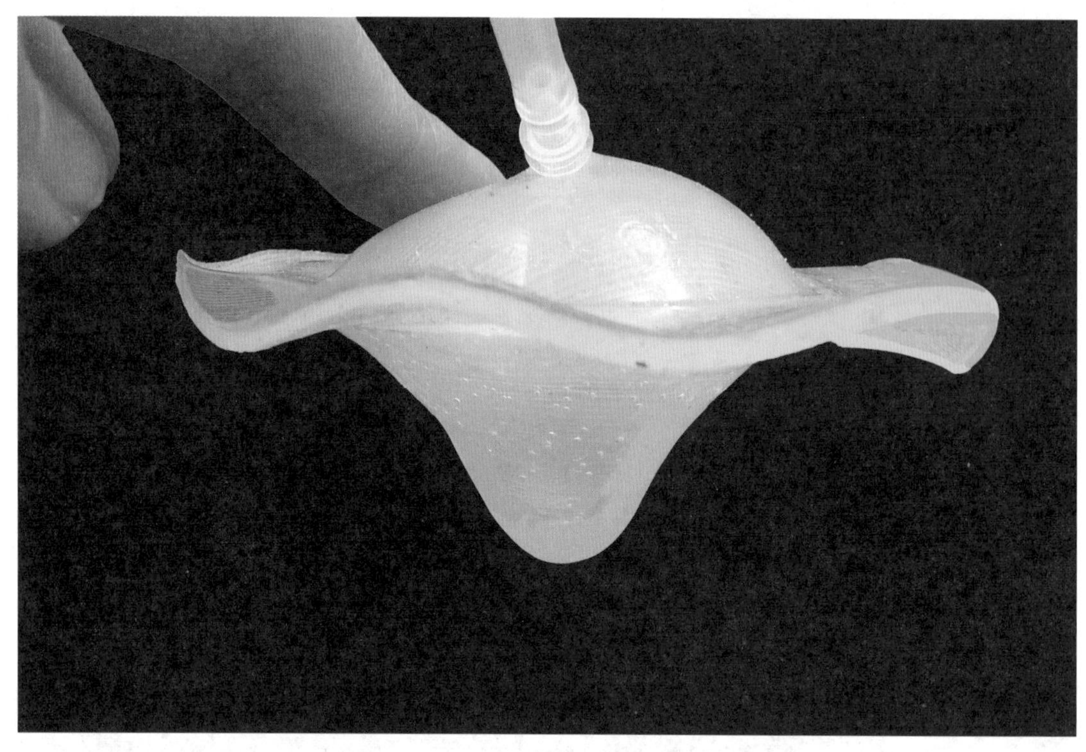

图6-36　产品压力实验模型

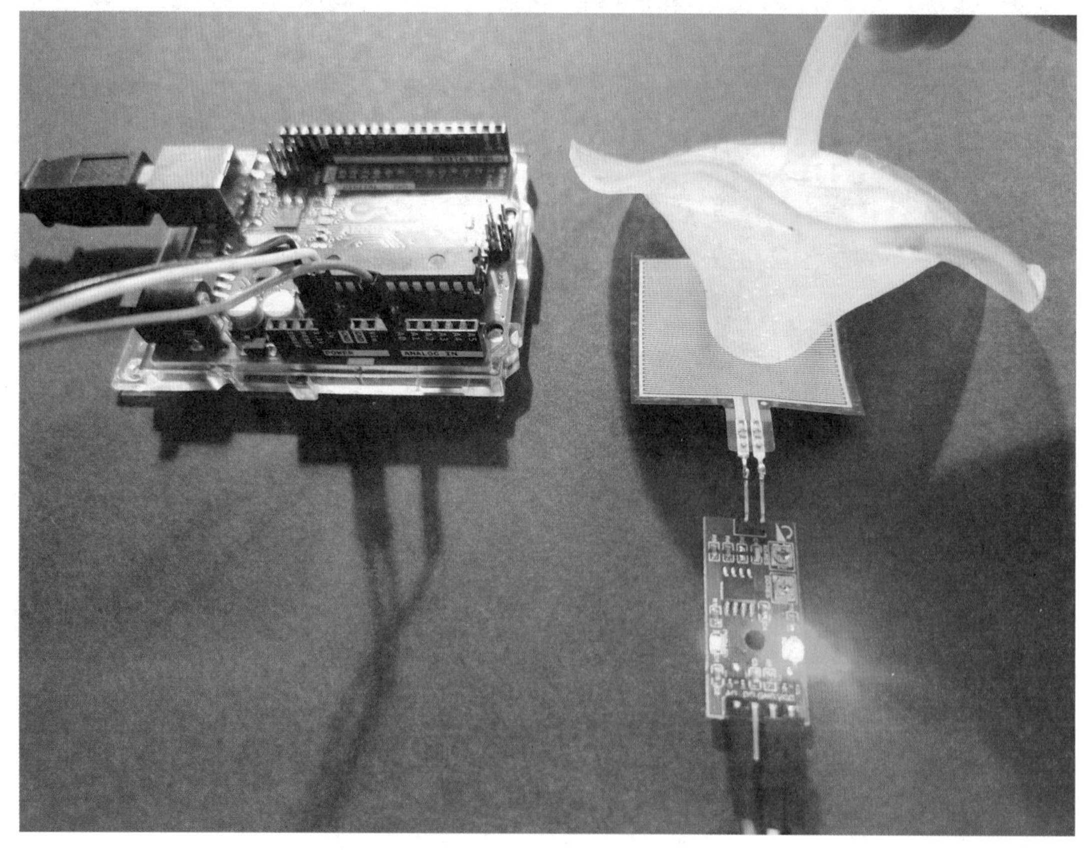

图6-37　产品压电模型

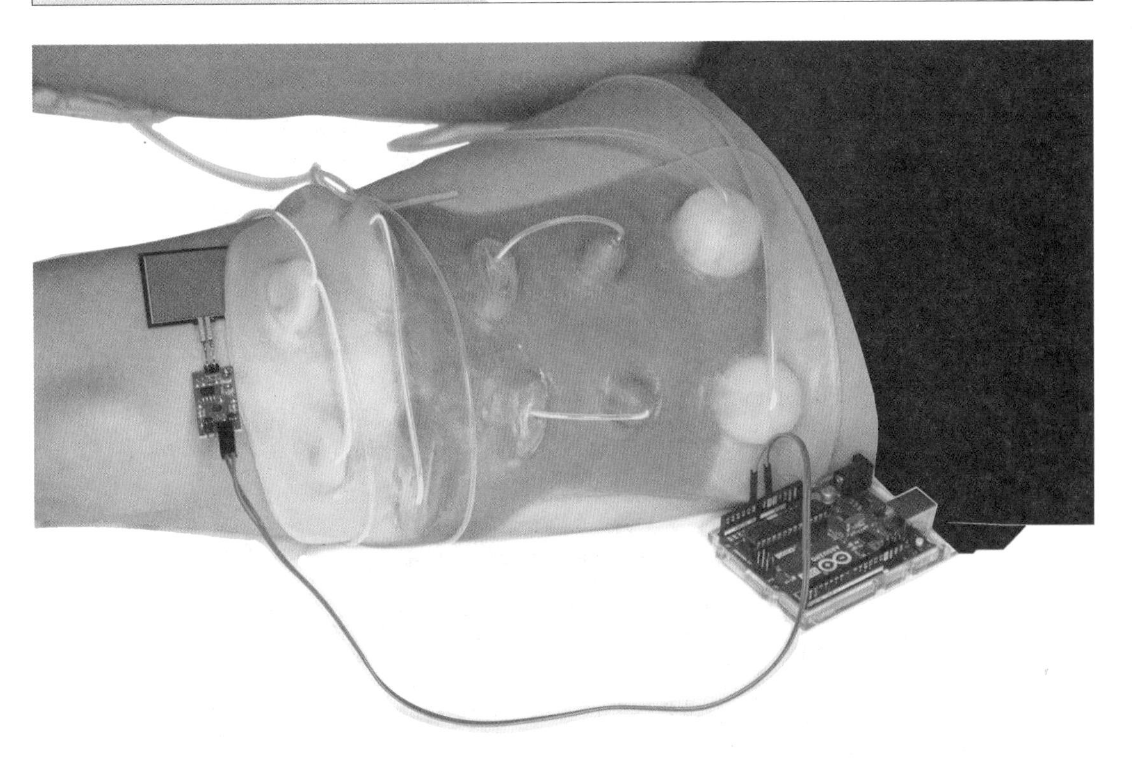

图6-38　产品样机模型

这种信息的传递和重现方式，将来可能会为残疾人、传染病人等特殊人群提供更加直观的交流方式，如图3-39所示。

图6-39　为残疾人设计的概念产品

6.4.2　铁磁流体的原理及应用

铁磁流体是一种液固两相流体，它的基本成分是作为载体的非磁性液体和具有磁响应能力的铁磁性固体颗粒，如图6-40所示。

图6-40　铁磁性固体颗粒

在自然界中只有液态氧是顺磁性液体，其他的磁性物质大多是固体。然而，液态氧沸点极低(-183摄氏度)，气态氧磁化率甚至低于空气的磁化率，所以液态氧很难在现实中得到应用。20世纪60年代开始，人工合成的磁性液体，即铁磁流体被实际应用。由于铁磁流体的磁化率高于一般顺磁物质，因此又被称为超顺磁物质。作为一种胶体混合物，铁磁流体的结构分为三个基本组成成分：基载液体、固体磁性微粒和分散剂。基载液和分散剂这两种液体占铁磁流体总体积的90%以上，铁磁性的固相微粒占10%以下。基载液和分散剂是不导磁的，它们对于外加磁场不具有反应能力，所以控制铁磁流体是通过外加磁场控制固相铁磁微粒实现的，这就需要固相微粒的尺寸及其微小。铁磁流体内的固相微粒为尺寸相同的小圆球体，这些悬浮于基载液中的小圆球体，在基载液分子的碰撞和外加磁场的作用下进行着旋转和平移两种运动。当我们施加磁场时，这些微观粒子将沿着磁通线对齐，从而部分黏度增加，完成了从液相到固相的转变，如图6-41所示。

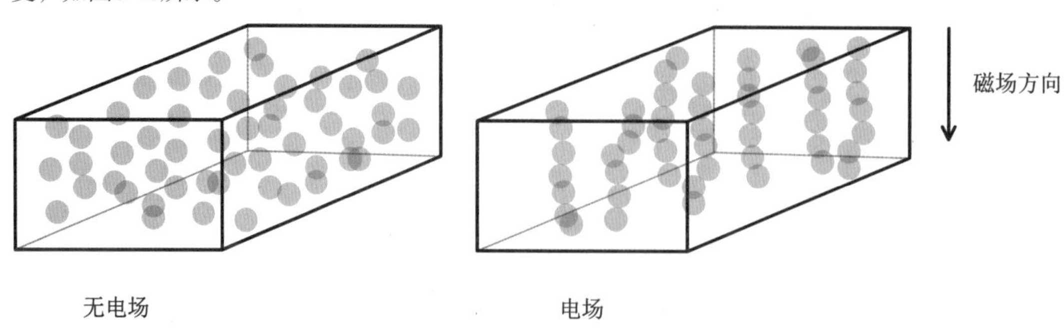

图6-41　从液相到固相的转变

毕业于荷兰埃因霍温设计学院的泽夫·科尔曼(Zelf Koelman)通过编程控制电磁场，使用铁磁流体设计了钟表Ferrolic Display，如图6-42所示。该钟表没有机械部件，依靠嵌入的电磁铁来控制显示器的铁磁流体。不同于一般机械钟表的运作方式，它的显示是由磁通线，也就是磁场方向决定的，而铁磁流体的变化过程也成为显示的一部分，如图6-43所示。设计师介绍："它独特的动力学是黑色流体在重力、磁场和自身的范德华力之间不断寻找平衡的视觉结果。"

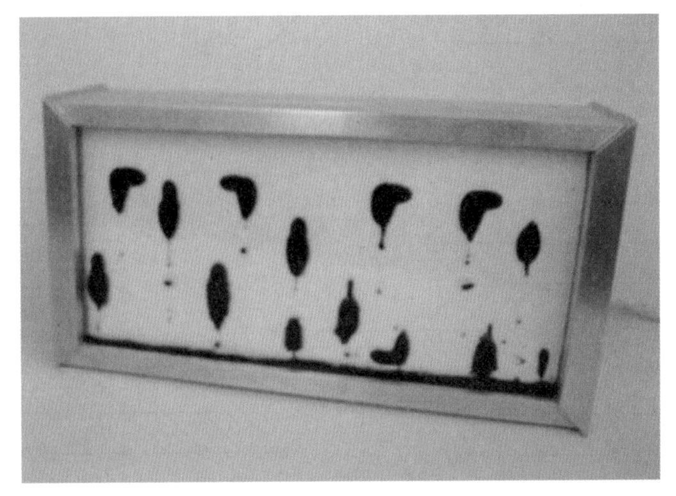

图6-42　铁磁流体钟表

图6-43　铁磁流体钟表时间显示

6.4.3　记忆合金的原理及应用

1932年，具有形状记忆效应的记忆合金第一次被发现。作为重要的智能复合材料之一，形状记忆合金被广泛应用于航天航空、军事防御、建筑和医学等领域。

形状记忆效应的产生，是因为高温条件下长程有序的奥氏体向马氏体转变的相变过程。形状记忆合金材料通常在较低温度条件下可以实现塑性形变，当温度升高到一定程度时，则可恢复到形变前的形状，如图6-44所示。

仅在加热时显示形状记忆效应的记忆合金，被称为单程形状记忆合金；不仅在加热，在冷却时也会显示形状记忆效应的记忆合金，则具有双程形状记忆特性。

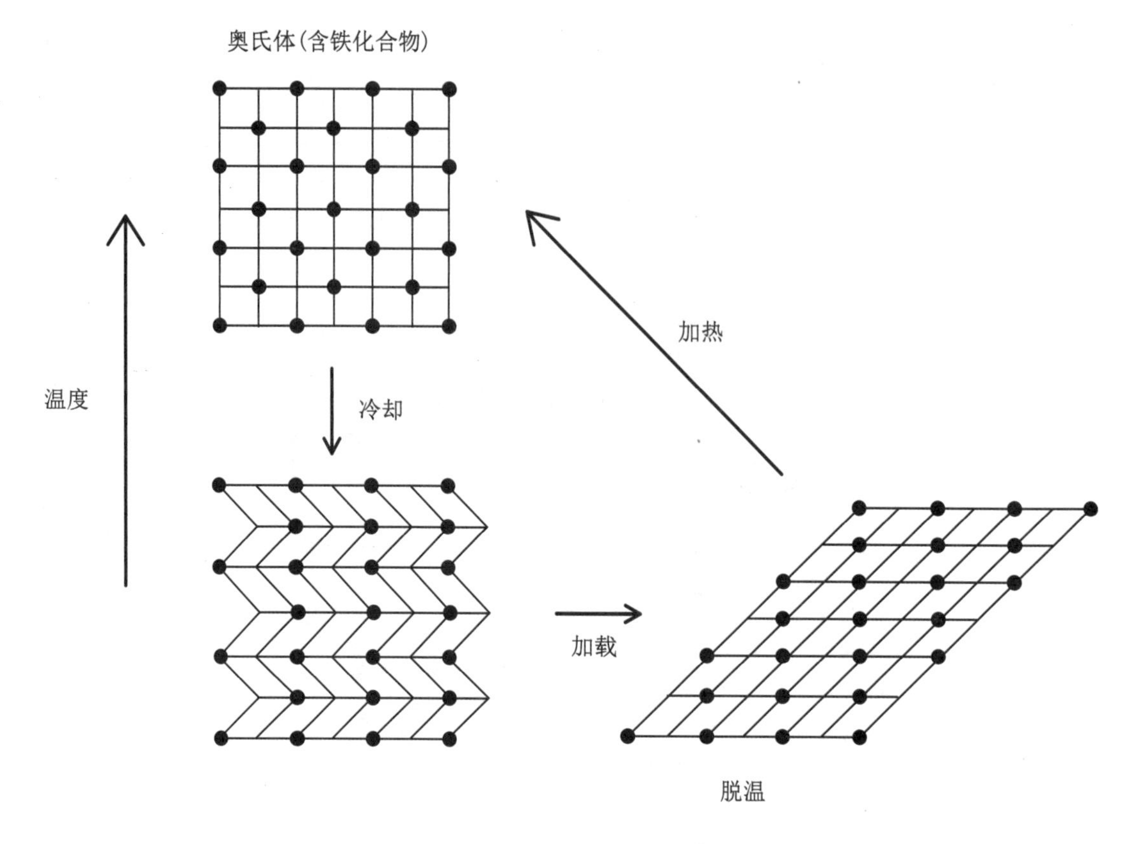

图6-44　形状记忆合金根据温度转变结构

记忆合金用途广泛，利用其特性可以制成有特殊功能要求的零件、执行器件或是控制开关。除了在工程上的应用，形状合金制成的眼镜架，可以在外力造成变形的情况下通过加热恢复原状，如图6-45所示。在生物医学领域，也普遍使用记忆合金材料制作牙齿矫正器。

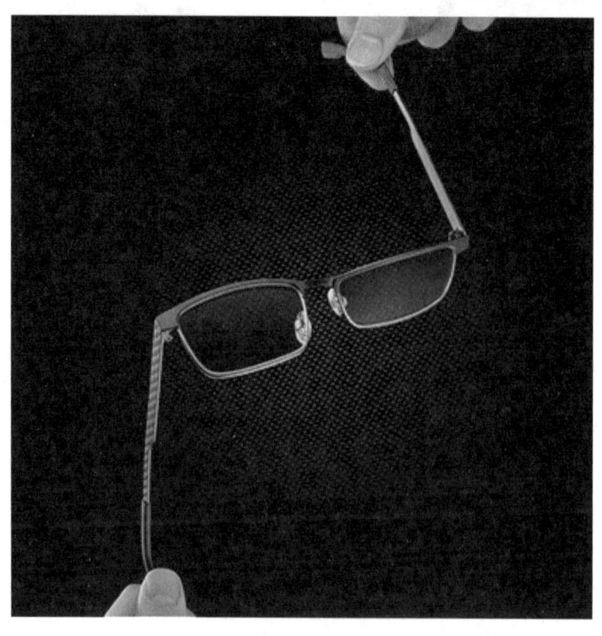

图6-45　形状合金制成的眼镜架

阅读完本章，请思考回答以下问题

1. 被视为近代复合材料开端的是哪种复合材料？
2. 复合材料中增强体形状和在空间的排列方式有哪些？
3. 碳纤维材料有哪些常用的加工工艺？
4. 为什么说碳纤维复合材料的性能和它的铺贴方式密切相关？
5. 简单说说你对智能复合材料结构的认识。
6. 通过石英晶体受压力结构图说明压电材料的原理。
7. 请说明铁磁流体结构的三个基本组成成分。